清华大学优秀博士学位论文丛书

从随机对照到自然实验
——实验方法论前沿问题研究

任思腾（Ren Siteng）著

From Randomized Controlled Trials
to Natural Experiments: An Investigation
on Frontier Issues in Experimental Methodology

清华大学出版社
北京

内容简介

由于传统的观察式研究不能满足科学发展对因果知识的探究需要，实验正在逐渐成为经济学、政治学、社会学、历史学、流行病学、生态学等多个传统上非实验学科中的重要研究方法。随机对照实验和自然实验正是其中最为蓬勃发展的实验类型之一。不同于自然科学中长达几个世纪的实验室实验传统，这些新方法同样面临着新的问题和挑战。本书对此类广义实验的特征和性质进行了哲学分析，并通过诸多诺贝尔奖获得者的经典研究案例讨论了随机对照实验和自然实验的设计与应用中的问题，最终尝试构建一个包含多元类型实验的方法论理论框架。适合科学哲学研究者以及对社会科学中实验方法感兴趣的一般读者阅读。

图书在版编目（CIP）数据

从随机对照到自然实验：实验方法论前沿问题研究 / 任思腾著. -- 北京 ：清华大学出版社，2024. 9.
（清华大学优秀博士学位论文丛书）. -- ISBN 978-7-302-66937-1

Ⅰ. N33

中国国家版本馆 CIP 数据核字第 202414M6Q2 号

责任编辑：梁　斐
封面设计：傅瑞学
责任校对：赵丽敏
责任印制：刘海龙

出版发行：清华大学出版社
网　　址：https://www.tup.com.cn，https://www.wqxuetang.com
地　　址：北京清华大学学研大厦 A 座　　**邮　　编**：100084
社 总 机：010-83470000　　**邮　　购**：010-62786544
投稿与读者服务：010-62776969，c-service@tup.tsinghua.edu.cn
质量反馈：010-62772015，zhiliang@tup.tsinghua.edu.cn
印 装 者：三河市东方印刷有限公司
经　　销：全国新华书店
开　　本：155mm×235mm　　**印　　张**：9.75　　**字　　数**：162 千字
版　　次：2024 年 9 月第 1 版　　**印　　次**：2024 年 9 月第 1 次印刷
定　　价：69.00 元

产品编号：101835-01

作者简介

任思腾，女，1994年生，北京大学医学人文学院博士后、助理研究员。清华大学材料科学与工程学士，清华大学科学技术哲学博士，剑桥大学科学史与科学哲学系访问学者。研究方向为一般科学哲学，科学实验方法论，关注前沿科技中的哲学问题。

一流博士生教育
体现一流大学人才培养的高度（代丛书序）[①]

人才培养是大学的根本任务。只有培养出一流人才的高校，才能够成为世界一流大学。本科教育是培养一流人才最重要的基础，是一流大学的底色，体现了学校的传统和特色。博士生教育是学历教育的最高层次，体现出一所大学人才培养的高度，代表着一个国家的人才培养水平。清华大学正在全面推进综合改革，深化教育教学改革，探索建立完善的博士生选拔培养机制，不断提升博士生培养质量。

学术精神的培养是博士生教育的根本

学术精神是大学精神的重要组成部分，是学者与学术群体在学术活动中坚守的价值准则。大学对学术精神的追求，反映了一所大学对学术的重视、对真理的热爱和对功利性目标的摒弃。博士生教育要培养有志于追求学术的人，其根本在于学术精神的培养。

无论古今中外，博士这一称号都和学问、学术紧密联系在一起，和知识探索密切相关。我国的博士一词起源于2000多年前的战国时期，是一种学官名。博士任职者负责保管文献档案、编撰著述，须知识渊博并负有传授学问的职责。东汉学者应劭在《汉官仪》中写道："博者，通博古今；士者，辩于然否。"后来，人们逐渐把精通某种职业的专门人才称为博士。博士作为一种学位，最早产生于12世纪，最初它是加入教师行会的一种资格证书。19世纪初，德国柏林大学成立，其哲学院取代了以往神学院在大学中的地位，在大学发展的历史上首次产生了由哲学院授予的哲学博士学位，并赋予了哲学博士深层次的教育内涵，即推崇学术自由、创造新知识。哲学博士的设立标志着现代博士生教育的开端，博士则被定义为独立从事学术研究、具备创造新知识能力的人，是学术精神的传承者和光大者。

---

① 本文首发于《光明日报》，2017年12月5日。

博士生学习期间是培养学术精神最重要的阶段。博士生需要接受严谨的学术训练，开展深入的学术研究，并通过发表学术论文、参与学术活动及博士论文答辩等环节，证明自身的学术能力。更重要的是，博士生要培养学术志趣，把对学术的热爱融入生命之中，把捍卫真理作为毕生的追求。博士生更要学会如何面对干扰和诱惑，远离功利，保持安静、从容的心态。学术精神，特别是其中所蕴含的科学理性精神、学术奉献精神，不仅对博士生未来的学术事业至关重要，对博士生一生的发展都大有裨益。

独创性和批判性思维是博士生最重要的素质

博士生需要具备很多素质，包括逻辑推理、言语表达、沟通协作等，但是最重要的素质是独创性和批判性思维。

学术重视传承，但更看重突破和创新。博士生作为学术事业的后备力量，要立志于追求独创性。独创意味着独立和创造，没有独立精神，往往很难产生创造性的成果。1929 年 6 月 3 日，在清华大学国学院导师王国维逝世二周年之际，国学院师生为纪念这位杰出的学者，募款修造"海宁王静安先生纪念碑"，同为国学院导师的陈寅恪先生撰写了碑铭，其中写道："先生之著述，或有时而不章；先生之学说，或有时而可商；惟此独立之精神，自由之思想，历千万祀，与天壤而同久，共三光而永光。"这是对于一位学者的极高评价。中国著名的史学家、文学家司马迁所讲的"究天人之际，通古今之变，成一家之言"也是强调要在古今贯通中形成自己独立的见解，并努力达到新的高度。博士生应该以"独立之精神、自由之思想"来要求自己，不断创造新的学术成果。

诺贝尔物理学奖获得者杨振宁先生曾在 20 世纪 80 年代初对到访纽约州立大学石溪分校的 90 多名中国学生、学者提出："独创性是科学工作者最重要的素质。"杨先生主张做研究的人一定要有独创的精神、独到的见解和独立研究的能力。在科技如此发达的今天，学术上的独创性变得越来越难，也愈加珍贵和重要。博士生要树立敢为天下先的志向，在独创性上下功夫，勇于挑战最前沿的科学问题。

批判性思维是一种遵循逻辑规则、不断质疑和反省的思维方式，具有批判性思维的人勇于挑战自己，敢于挑战权威。批判性思维的缺乏往往被认为是中国学生特有的弱项，也是我们在博士生培养方面存在的一个普遍问题。2001 年，美国卡内基基金会开展了一项"卡内基博士生教育创新计划"，针对博士生教育进行调研，并发布了研究报告。该报告指出：在美国和欧洲,培养学生保持批判而质疑的眼光看待自己、同行和导师的观点同样非常不容易,批判性思维的培养必须成为博士生培养项目的组成部分。

对于博士生而言,批判性思维的养成要从如何面对权威开始。为了鼓励学生质疑学术权威、挑战现有学术范式,培养学生的挑战精神和创新能力,清华大学在2013年发起"巅峰对话",由学生自主邀请各学科领域具有国际影响力的学术大师与清华学生同台对话。该活动迄今已经举办了21期,先后邀请17位诺贝尔奖、3位图灵奖、1位菲尔兹奖获得者参与对话。诺贝尔化学奖得主巴里·夏普莱斯(Barry Sharpless)在2013年11月来清华参加"巅峰对话"时,对于清华学生的质疑精神印象深刻。他在接受媒体采访时谈道:"清华的学生无所畏惧,请原谅我的措辞,但他们真的很有胆量。"这是我听到的对清华学生的最高评价,博士生就应该具备这样的勇气和能力。培养批判性思维更难的一层是要有勇气不断否定自己,有一种不断超越自己的精神。爱因斯坦说:"在真理的认识方面,任何以权威自居的人,必将在上帝的嬉笑中垮台。"这句名言应该成为每一位从事学术研究的博士生的箴言。

提高博士生培养质量有赖于构建全方位的博士生教育体系

一流的博士生教育要有一流的教育理念,需要构建全方位的教育体系,把教育理念落实到博士生培养的各个环节中。

在博士生选拔方面,不能简单按考分录取,而是要侧重评价学术志趣和创新潜力。知识结构固然重要,但学术志趣和创新潜力更关键,考分不能完全反映学生的学术潜质。清华大学在经过多年试点探索的基础上,于2016年开始全面实行博士生招生"申请-审核"制,从原来的按照考试分数招收博士生,转变为按科研创新能力、专业学术潜质招收,并给予院系、学科、导师更大的自主权。《清华大学"申请-审核"制实施办法》明晰了导师和院系在考核、遴选和推荐上的权力和职责,同时确定了规范的流程及监管要求。

在博士生指导教师资格确认方面,不能论资排辈,要更看重教师的学术活力及研究工作的前沿性。博士生教育质量的提升关键在于教师,要让更多、更优秀的教师参与到博士生教育中来。清华大学从2009年开始探索将博士生导师评定权下放到各学位评定分委员会,允许评聘一部分优秀副教授担任博士生导师。近年来,学校在推进教师人事制度改革过程中,明确教研系列助理教授可以独立指导博士生,让富有创造活力的青年教师指导优秀的青年学生,师生相互促进、共同成长。

在促进博士生交流方面，要努力突破学科领域的界限，注重搭建跨学科的平台。跨学科交流是激发博士生学术创造力的重要途径，博士生要努力提升在交叉学科领域开展科研工作的能力。清华大学于2014年创办了“微沙龙”平台，同学们可以通过微信平台随时发布学术话题，寻觅学术伙伴。3年来，博士生参与和发起“微沙龙”12000多场，参与博士生达38000多人次。“微沙龙”促进了不同学科学生之间的思想碰撞，激发了同学们的学术志趣。清华于2002年创办了博士生论坛，论坛由同学自己组织，师生共同参与。博士生论坛持续举办了500期，开展了18000多场学术报告，切实起到了师生互动、教学相长、学科交融、促进交流的作用。学校积极资助博士生到世界一流大学开展交流与合作研究，超过60%的博士生有海外访学经历。清华于2011年设立了发展中国家博士生项目，鼓励学生到发展中国家亲身体验和调研，在全球化背景下研究发展中国家的各类问题。

在博士学位评定方面，权力要进一步下放，学术判断应该由各领域的学者来负责。院系二级学术单位应该在评定博士论文水平上拥有更多的权力，也应担负更多的责任。清华大学从2015年开始把学位论文的评审职责授权给各学位评定分委员会，学位论文质量和学位评审过程主要由各学位分委员会进行把关，校学位委员会负责学位管理整体工作，负责制度建设和争议事项处理。

全面提高人才培养能力是建设世界一流大学的核心。博士生培养质量的提升是大学办学质量提升的重要标志。我们要高度重视、充分发挥博士生教育的战略性、引领性作用，面向世界、勇于进取，树立自信、保持特色，不断推动一流大学的人才培养迈向新的高度。

清华大学校长

2017年12月

丛书序二

以学术型人才培养为主的博士生教育，肩负着培养具有国际竞争力的高层次学术创新人才的重任，是国家发展战略的重要组成部分，是清华大学人才培养的重中之重。

作为首批设立研究生院的高校，清华大学自20世纪80年代初开始，立足国家和社会需要，结合校内实际情况，不断推动博士生教育改革。为了提供适宜博士生成长的学术环境，我校一方面不断地营造浓厚的学术氛围，另一方面大力推动培养模式创新探索。我校从多年前就已开始运行一系列博士生培养专项基金和特色项目，激励博士生潜心学术、锐意创新，拓宽博士生的国际视野，倡导跨学科研究与交流，不断提升博士生培养质量。

博士生是最具创造力的学术研究新生力量，思维活跃，求真求实。他们在导师的指导下进入本领域研究前沿，汲取本领域最新的研究成果，拓宽人类的认知边界，不断取得创新性成果。这套优秀博士学位论文丛书，不仅是我校博士生研究工作前沿成果的体现，也是我校博士生学术精神传承和光大的体现。

这套丛书的每一篇论文均来自学校新近每年评选的校级优秀博士学位论文。为了鼓励创新，激励优秀的博士生脱颖而出，同时激励导师悉心指导，我校评选校级优秀博士学位论文已有20多年。评选出的优秀博士学位论文代表了我校各学科最优秀的博士学位论文的水平。为了传播优秀的博士学位论文成果，更好地推动学术交流与学科建设，促进博士生未来发展和成长，清华大学研究生院与清华大学出版社合作出版这些优秀的博士学位论文。

感谢清华大学出版社，悉心地为每位作者提供专业、细致的写作和出版指导，使这些博士论文以专著方式呈现在读者面前，促进了这些最新的优秀研究成果的快速广泛传播。相信本套丛书的出版可以为国内外各相关领域或交叉领域的在读研究生和科研人员提供有益的参考，为相关学科领域的发展和优秀科研成果的转化起到积极的推动作用。

感谢丛书作者的导师们。这些优秀的博士学位论文，从选题、研究到成文，离不开导师的精心指导。我校优秀的师生导学传统，成就了一项项优秀的研究成果，成就了一大批青年学者，也成就了清华的学术研究。感谢导师们为每篇论文精心撰写序言，帮助读者更好地理解论文。

感谢丛书的作者们。他们优秀的学术成果，连同鲜活的思想、创新的精神、严谨的学风，都为致力于学术研究的后来者树立了榜样。他们本着精益求精的精神，对论文进行了细致的修改完善，使之在具备科学性、前沿性的同时，更具系统性和可读性。

这套丛书涵盖清华众多学科，从论文的选题能够感受到作者们积极参与国家重大战略、社会发展问题、新兴产业创新等的研究热情，能够感受到作者们的国际视野和人文情怀。相信这些年轻作者们勇于承担学术创新重任的社会责任感能够感染和带动越来越多的博士生，将论文书写在祖国的大地上。

祝愿丛书的作者们、读者们和所有从事学术研究的同行们在未来的道路上坚持梦想，百折不挠！在服务国家、奉献社会和造福人类的事业中不断创新，做新时代的引领者。

相信每一位读者在阅读这一本本学术著作的时候，在汲取学术创新成果、享受学术之美的同时，能够将其中所蕴含的科学理性精神和学术奉献精神传播和发扬出去。

清华大学研究生院院长

2018年1月5日

导师序言

祝贺任思腾博士出版《从随机对照到自然实验——实验方法论前沿问题研究》!

任思腾的学位论文在2022年获评清华大学校级优秀博士学位论文,比较完美地体现了我指导博士的理念。①精选学生。科学技术哲学在国内划归哲学的二级学科,但其实理科色彩更为明显。学科性质与之相似的科学技术史,在国内就被划入理科门类。科学技术哲学专业的博士生最好具有理工科的本科背景,当然文科背景的学生也可以在读研期间补学理工类的课程。②论文批改。我通常对研究生的课程论文都会给予细致批改。研究生们很聪明,他们往往举一反三,在以后的学术写作不再犯同类错误,等到写作博士论文时就会比较顺畅。③课程助教。我在香港中文大学哲学系攻读博士学位时,做过三年的课程助教,博士毕业后回清华从事教学就很顺利。"助教"是从"学生"到"教师"的很好过渡阶段,对于积累教学经验、走上教研岗位很有帮助。④国际课程。我们很幸运,每年夏天至少开设三门暑期课程:与匹兹堡大学、卡内基梅隆大学合办了"清华-匹大科学哲学暑期学院",与伦敦政经学院合办了"清华-LSE社会科学工作坊",与宾夕法尼亚大学等高校合办了"清华生命科学史与哲学研讨班"。研究生积极参与这些课程,可以更好地了解国际学术前沿。⑤联合培养。我的绝大多数博士生都申请到了国家留学基金委的资助,到海外名校访学一年,增广见闻,提升科研能力。⑥论文发表。虽然清华大学现在对于研究生毕业已经没有发表论文的要求,但我个人觉得,一方面,对于有志于学术道路的研究生,提前了解"Publish or perish"的学术规则很有必要;另一方面,如果博士论文的两到三个章节能够被期刊录用,也从侧面说明其博士科研成果能够得到学界的广泛认可。⑦工作推荐。现在国内毕业的博士生数量大增,高校学术教职的申请也越来越卷,如果导师能够在研究生的学术起步阶段加以援手,积极帮助推荐工作,可以有事半功倍之效。⑧学术规划。研究生毕业之后,只要有志于学术研究,我也往往在国家社科基金项目申请、未来科研规划等方面与学生商量,希望“扶上马,送一程”。⑨教学相长。前面写这么多,似乎都是我在“指导”学生,其实我从学生成长中反过来的获益更多。很多博士生的科研很用功,学术很前沿,我“被迫”跟着他们读书与学习,希望自己的学术水平配得上做他们的导师,千万不要“误人子弟”!

任思腾在清华大学材料学院获得工学学士学位,2016年起在清华大学科技与社会研究所攻读科学哲学的硕士,2019年硕转博。她本科有很好的理工背景,硕士阶段接受了规范的哲学训练,因此她写学术论文思路清晰、文字通顺,需要我批改的很少。她读研期间勤奋学习,担任过多门课程的助教。她也担任过4门次海外课程的助教,出色地完成了各项工作,英文听说读写很综合全面。她2020年申请到了国家留学基金委的资助,而且拿到了伦敦政经学院科学哲学研究中心的邀请函,但很可惜因为疫情的缘故,最终没能赴英国留学访问。但她还是想方设法,积极向伦敦政经学院的Roman Frigg、Johanna Thoma等教授请教。

任思腾刻苦钻研,她博士论文的三个章节分别发表在科学技术哲学的三大刊:《自然辩证法通讯》《自然辩证法研究》《科学技术哲学研究》。这三个期刊都是CSSCI期刊,代表国内本专业的最高水准。她投给第20届全国科学哲学学术会议的学术论文被选为三个大会报告之一,这也是近十年以来首次博士生入选大会报告!正因为任思腾的学术表现非常优秀,她于2022年顺利博士毕业,她的学位论文还获评清华大学校级优秀博士学位论文。她毕业后也很顺利地获得了在北京大学做博士后的机会,在学术上更全面地提升自己。

实验方法是当代科学的主要研究方法。例如,在我本科所从事的物理学领域,焦耳的热功当量实验、迈克尔逊-迈雷实验、密立根的油滴实验等,都是闻名遐迩的实验。但是在很多特殊科学(special sciences)中,例如进化生物学、生态学、心理学、医学、社会科学,很难随心所欲地在实验室进行实验操作。为此,特殊科学领域的科学家们近年来在设法使用替代性的实验设计来补足不能进行实验室实验的缺憾。这一类研究的蓬勃发展给相关学科带来了新的成果和研究方向。

任思腾深入研究了“非实验学科”中的主要研究方法:随机对照实验和自然实验,分析了实验的可重复性与可操控性。本书主要有四个创新点:①通过重复实验、实验的可重复性、可重复原则这三个不同层次,深入分析了重复性概念,反驳了柯林斯的论断,从而澄清并细化近年来科学中的“重复性危机”问题;②分析了随机对照实验的因果推理逻辑,批评它在证据等级中的黄金标准地位,建议多种方法和证据的整合;③对自然实验的三种主流定义进行了提炼与评析,指出定义二(比较法)更加符合自然实验的适用范围和优势;④对以随机化为代表的实验分组策略进行了评述,指出单凭借随机过程本身并不能充分地实现实验者所宣称的消除选择偏误的方法论功能。

任思腾在大学本科时就有科研经验,比较熟悉实验科学的实践,读研期间充分掌握国内外的学术文献,积极探索国际学术前沿。她所发表的期刊论文已分别被生物学、农学、医学、体育学、社会学领域的研究者引用。我阅读她的论文与书稿,也是一个很好的学习机会。我相信,对实验方法论感兴趣的理工科师生,也能从本书受益良多。

我迄今已指导6位博士生毕业,任思腾是唯一获得清华大学校级优秀博士学位论文的。按照本书提及的"自然实验"研究方法,她的成功应该主要是因为她的文理基础与个人努力,我的学术指导微不足道。任思腾现在是北京大学的博士后,将来也有志于从事学术之道。我也借此为书作序的机会,祝愿她学术进步、前程似锦!

王　巍

2023年春于清华园

摘 要

由于传统的观察式研究不能满足科学发展对因果知识的探究需要，实验正在逐渐成为经济学、政治学、社会学、历史学、流行病学、生态学等多个传统上“非实验学科”的重要研究方法。随机对照实验和自然实验均为其中最为蓬勃发展的实验类型之一。然而，不同于自然科学中长达几个世纪的实验室实验传统，这些新方法面临着新的问题和挑战。

为了考察相关实验方法论前沿问题的发展情况，并说明其不同于自然科学实验范式的特征，首先需要梳理和重建对于实验特征和性质的哲学理解。通过在实践活动、性质、规范性原则三个层面区分可重复性的相关概念，本书分析了科学界上演的“可重复危机”，强调可重复性在跨学科扩展实验方法的语境中应理解为实验的一种性质。随后，借助操控主义因果理论研究的最新进展，说明了这两类实验如何围绕实现因果推理的目标进行设计，以及操控和干预概念在其中发挥了何种功能。

其次，详细论述并对比分析了随机对照实验与自然实验的设计思路。菲舍尔基于其统计学研究和农业实验实践，将随机化分组策略引入了平均因果效应测算，以解决组间选择偏误造成的样本不均匀问题。内曼和鲁宾先后发展的反事实潜在结果推理框架的出现使得该方法获得了更普遍的推广价值。通过考察实验的历史案例，本书试图说明将随机对照实验作为研究方法和证据等级的黄金标准并非适当，而源自其他方法的因果机制证据同样值得考虑。

再次，对自然实验的定义问题进行了梳理和评述，指出其设计核心应为匹配，而不是对于随机对照实验的模仿和近似。进而对随机化和匹配等分组策略进行剖析，以表明：实验中采取分组策略的最终目标是实现组间平衡。明确这一目标后，可进一步论证各分组策略的等价性，从而提供沟通不同实验方法的共同基础。

最后，基于对实验特征和两类特殊实验方法的呈现与分析，总结和提炼出实验设计与辩护中采用的论证步骤，即：建立因果推理框架、实现均匀分组、取舍实验结论特征。

关键词：实验方法论；可重复性；可操控性；随机对照实验；自然实验

Abstract

Since the traditional observational research methods cannot sufficiently meet the goal of seeking causal knowledge, experimentation is getting more and more important in once non-experimental disciplines such as economics, politics, sociology, history, epidemiology, ecology, etc. Randomized controlled trial and natural experiment are two of these flourishing methods. However, different from the full-fledged experimental tradition in natural sciences, these newly-developed methodologies are faced with distinctive problems and challenges.

In order to investigate the current situation and development around this frontier issue, and understand its characteristics different from natural sciences, it is necessary to clarify and reconstruct the philosophical understanding of the essence of these experiments. Through distinguishing the concept of replicability into three different aspects as practical activities, character, and social norms, this book contributes to further understanding and analysis of the concerned issue of "replicability crisis" in the scientific community, and puts forward some coping strategies. By virtue of the latest progress in the manipulability theory of causation, experiments insocial sciences are designed under the goal of causal inference, in which manipulation and intervention play an important role.

The design of randomized controlled trial and natural experiment are discussed and compared in detail. Based on Ronald Fisher's statistical theory and experimental experience, randomization as a grouping strategy is introduced into the estimation of the average treatment effect, to solve the problem of sample heterogeneity caused by selection bias across groups. The counterfactual potential outcome framework, developed by

Neyman and Rubin separately, was introduced and resulted in a boost for the method's popularization. Buttressed by historical cases in sciences, this book argues that randomized controlled trials should not be considered as the "golden standard" in the hierarchy of evidence. Evidences on causal mechanism from other resources should be considered and combined.

The problem of defining natural experiments is also thoroughly discussed. It is shown that the essence of its design should be properly-conducted matching, rather than imitating randomized controlled experiments. Further analysis towards the experimental grouping strategies including randomization and matching demonstrates that its ultimate goal is to achieve balance between groups. This argument leads to a manifestation on the equivalence of these grouping strategies.

Finally, by means of case analysis and conceptual analyzing of experimental methods, this dissertation summarizes the strategies adopted by experimenters in their defense of a legitimate experimental research design, including: employing causal inference framework, achieving balanced sample groups, and illustrating the trade-off between pros and cons of their experimental conclusions.

Keywords: experimental methodology; replicability; manipulability; randomized controlled trials; natural experiments

目 录

第1章 绪　　论

1.1 历史回顾

1.1.1 随机对照实验与自然实验

17 世纪以来，实验方法的系统性应用改变了自然科学的面貌，形成了数理科学之外的实验科学传统（库恩，2004）[37]。广泛开展的实验活动不断地创造新的现象和物质，极大地增强了科学技术改造自然的力量。随着实验方法的不断发展，实验的开展和应用不再局限于实验室之内，而是扩展延伸至真实的自然和社会场景之中。在 21 世纪以来蓬勃发展的多元化实验潮流中，随机对照实验与自然实验均是应用最为广泛、取得了最为突出成果的方法。

随机对照实验指的是，通过随机分配过程将实验对象分为实验组和对照组，对比两组样本在接受实验干预后的结果差异。历史上有记载的第一个对照实验来自圣经故事。尼布甲尼撒国王手下的犹太奴仆们不想食用违背自己宗教信仰的食物。为了说服国王允许他们食用素食，他们提出以分组的方式、在一段时间内采取不同饮食方案进行对照“实验”，来说明素食并不会让他们变得消瘦（珀尔，麦肯齐，2019）[113]。无论故事真假如何，这一例子与今天科学实验设计的基本逻辑完全一致。在早期有关疗法效果的研究中，最为著名的对照实验是 18 世纪中叶英国海军舰艇上对柑橘类水果治疗坏血病的小型对照（Matthews，2006）[2]。12 名得了坏血病的船员被平均分成 6 组，每组人员分别服用苹果酒、硫酸丹剂（Elixir Vitriol，主要含硫酸和酒精）、肉豆蔻、醋、海水、柑橘和柠檬。食用柑橘和柠檬的 2 人出现了“最迅速和显著的好转”。

而最早有意识地采取系统性随机化分组的实验设计可能要等到 19 世纪 80 年代首次出现于心理学领域（Hacking，1988）。1883 年 10 月至 1884 年 7 月，皮尔士（Charles S. Peirce）和他的学生加斯特罗（Joseph Jastrow）

在对感觉辨别(sensory discrimination)问题进行实验研究时,为了反驳当时学界被广泛接受的结论,采取了精确可靠的单盲随机化设计。统计学家斯蒂格勒(Stephen M. Stigler,1978)称赞他们的实验设计与今日的心理学实验无异。

当代随机对照实验的统计学基础在20世纪初得以初步建立。1923年,统计学家内曼(Jerzy Neyman)在其博士学位论文中提出了实验因果推理中的潜在结果模型,并论证了实验的观测结果是平均潜在结果的适当估计①(珀尔,麦肯齐,2019)[236]。1925年,英国统计学家菲舍尔(Ronald A Fisher)发表的《给研究者的统计学方法》(*Statistical Methods for Research Workers*,Fisher,1925)一书从农业实验设计出发,首次将随机化过程确立为实验分组的标准方式,此后该方案迅速得以推广至各个需要探清相互关联的复杂因素之间影响的领域(Salsburg,2001; Hall,2007)。在医学领域建立现代随机对照实验范式的先驱者是英国流行病学家、统计学家希尔(Sir Austin Bradford Hill),他通过严格设计的随机对照实验证明了链霉素对结核病的疗效(Jadad & Enkin,2007)[xi]。很快,1962年美国食品及药物管理局(Food and Drug Administration)通过了一项修正案,要求制药厂商使用随机对照实验来证明疗法的效果和安全性(Bothwell & Podolsky,2016)。时至今日,随机对照实验已经被大多数科学家冠以研究方法的"黄金标准"称号(Jones & Podolsky,2015; Hariton & Locascio,2018),并将其视为最可靠的因果推理实验设计。

自然实验指的是将自然界或社会中不在实验者操控之下发生的事件作为实验干预,寻找其中自然形成的、可比较的实验分组,并对后续结果进行比较分析。由于自然实验的发生和设计往往需要机缘巧合与学者的敏锐眼光,在早期科学研究中并不常见,但却带来了非常重要的研究成果。例如,1835年达尔文在加拉帕戈斯群岛对地雀种群的不同进化方向研究是自然选择学说的出发点。彼此隔绝但气候条件近似的群岛正如天然的实验室,提供了在没有其他干扰因素影响下研究进化过程和结果的绝佳机会(Grant,1998)。1854年英国伦敦爆发了霍乱,医生斯诺(John Snow)通过在地图上标注病例位置,对比了两家供水公司提供服务的家庭的感染情况,

① "潜在结果"(potential outcomes)也称为奈曼-鲁宾因果模型,这个概念最初是由波兰统计学家耶日·奈曼(后来成为伯克利大学的教授)在20世纪20年代提出的。但是,直到20世纪70年代中期,唐纳德·鲁宾发表了关于潜在结果的研究论文之后,这种因果分析方法才真正开始得到不断的推进和发展。

最终论证了霍乱病菌通过水源而非空气进行传播(Snow,1855,详见第 5 章)。

但是,自然实验正式作为一种现代独立研究方法的确立可能要推后至 20 世纪末。根据统计,自 1990 年至今,自然实验的相关实证研究发表数量出现了明显的增加趋势(见图 1.1)。虽然自然实验的实际应用已经变得越来越流行,对其基本特征与适用范围的方法论研究还较为初步。直到 2012 年,第一本系统性论述自然实验的设计和应用的书籍才发表(Dunning,2012)。科学哲学领域的讨论就更少见(Morgan,2013)[342]。

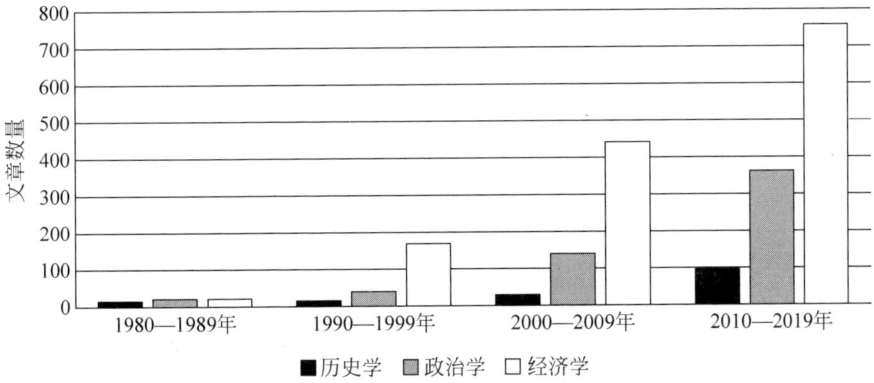

图 1.1　以"自然实验"为主题发表于主要历史学、政治学和经济学期刊的文章数量及其变化趋势

2022 年 3 月 6 日根据在 JSTOR 数据库的检索结果绘制

1.1.2　相关争议

然而,围绕这两类具有潜力、快速发展的实验方法却存在着不少争议。第一类论辩围绕着两种实验方法的地位和作用问题展开。随机对照实验的支持和使用者(尤其在经济学和医学领域)往往将自然实验归为观察研究(observational study)中的"准实验"或是"伪实验"(Meyer,1995; Shadish et al.,2001; Sims,2010; Clark et al.,2012),认为其并不是可靠的因果推断方法。自然实验者的回应则更多强调其具有处在随机对照实验与观察式研究之间的独立方法地位(Dunning,2012)[15]。

第二类批评对实验方法本身进行了批判性的剖析。一方面,从循证医学领域流行的证据等级评价体系①可以看出，随机对照实验通常独占了金字塔的顶端位置(见表1.1，图1.2)，研究者也往往给予其极高的评价，如："最佳的实验设计"(Norman & Streiner，2000)；"现代临床研究中最有力的工具"(Silverman，1981)；"随机对照实验是能够避免选择偏误和混杂偏误的唯一已知方法。该实验设计接近了基础科学中的受控实验。"(Schulz & Grimes，2019)[9] 纽卡斯尔大学的医用统计学教授马修斯(John N. S. Matthews)写道："在过去的50年中，随机对照实验已经成为最为基础的研究方法，在许多情况下甚至是衡量新疗法效果的唯一可靠证据来源"(Matthews，2006)[3]。然而，对这一看似完美科学方法的怀疑使得不少研究者致力于对其提出批评。如一部分对随机对照实验持保守立场的研究者强调，随机对照实验只是定量受控对照实验的类型之一，而不是对所有健康问题的万能灵药(Jadad et al.，2007)[8]，因而不该被授予黄金标准的地位。

表1.1　美国预防服务工作组推荐证据等级

证据等级	研究方法
Ⅰ	至少一项合理设计的随机对照试验(RCT)
Ⅱ-1	合理设计的非随机操控试验
Ⅱ-2	合理设计的队列研究或案例控制研究，最好是多中心或不同研究组进行的试验
Ⅱ-3	多个时间序列的观察研究，不一定进行实验干预。基于非控制试验的重要证据也可以认定为此类证据(如20世纪40年代引入的青霉素疗法)
Ⅲ	受尊敬的专家观点；基于临床经验、描述性研究或来自专家委员会的案例报告

Harris et al.，2001[9]

另一方面，对自然实验而言，使用者对该方法的定义与设计思路仍有分歧。部分学者将其视为对随机对照实验的模仿，并以此为基础来构建自然实验的设计标准(Dunning，2012)[3]；而另一部分学者则将自然实验视作"在自然的巨大实验室里不断流动运行着的实验"(Haavelmo，1944；Ozonoff et al.，1987)，因此不必怀疑其作为一种实验的合法地位，也并不认为自然实验相比随机对照实验存在着本质性的缺陷(Diamond et al.，2010)。可见，无

① 医学中称之为证据等级，但有学者指出实际上该评价体系是针对实验方法而非实验结果(Bluhm，2005)，即并不区分同一方法由于各种原因导致的结果质量的区别。因此称之为方法等级(hierarchy of methodology)也许更为贴切。本书仍采用证据等级的称谓。

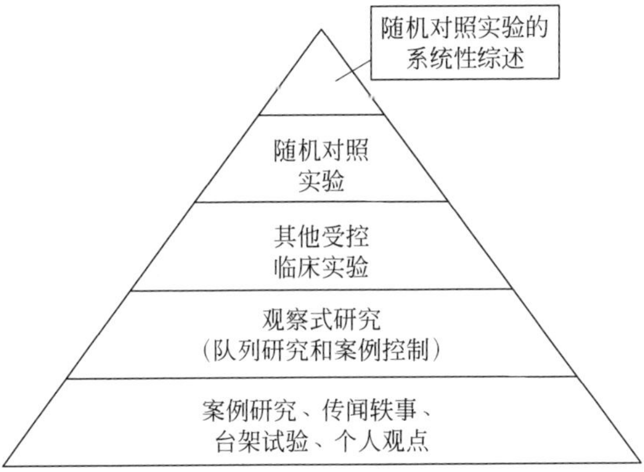

图 1.2　一个常见的证据等级示例

Greenhalgh,2014,著者译

论是这两类实验方法内部还是相比较而言,都存在着许多有待澄清的问题。

上述分歧不禁令人回想起社会科学研究中围绕着定量和定性方法的长久争议。在经典教材《社会科学中的研究设计》(*Designing Social Inquiry: Scientific Inferences in Qualitative Research*,1994)一书中,金(Gary King)、基欧汉(Robert O. Keohane)、维巴(Sidney Verba)三位作者指出:定量方法与定性方法之间存在共同的推理逻辑,其差异只是在于研究风格和具体实施细节上(King et al.,1994)[3]。而"大部分研究工作都不能被简单地划归到其中一类,好的研究方案总是试图将两种方法加以综合"(King et al.,1994)[5]。本书持有类似的立场,希望先澄清实验方法之间的争论,并试图找出进行综合性方法论说明的前提和基础,再以此来促进对随机对照实验与自然实验中的设计、选择、作用、缺陷等问题的理解和对话。

1.1.3　实验方法论的科学和哲学研究

在科学家积极参与方法论争论的今天,对特定类型的实验评议有多种研究进路(见 1.2.2 节)。在这里,笔者注意到研究工具的新进展为许多问题提供了新视角与答案。例如,对样本进行随机分配的方法从传统的物理随机系统(如抛硬币,抽取扑克牌)一度变为随机数表,近年来又被数据处理软件中内嵌的样本分组程序所取代。工具的不断发展革新是否仍然能够满足实验设计对随机化分配的内在要求?再比如,因本斯(Guido Imbens)等人对匹配方法的改进是否能使得恰当匹配的自然实验样本给出与随机对照实验同等质量的研究结论?元分析(meta-analysis)能否可靠地实现对现有大量随机对照实验结果的评价和综合功能？对上述工具的关注有助于理解特殊实验方法中的实际问题与发展情况。

除了实验者内部的争论，在社会科学等传统上不涉及实验研究的领域中，以上述两类实验为代表、作为整体的实验方法的扩展和推广在积极推进的同时亦面临着巨大争议。20 世纪以来，实验方法开始较为普遍地进入社会科学。“二战”后，实验的兴盛和发展受到至少三个方面的历史性变化带来的影响，它们分别是新的研究对象(或现象)、新的理论、新的技术。就研究对象而言，在社会学和社会心理学中，围绕着人际影响、判断扭曲和从众过程等现象的研究议题受到了更多的关注。从理论发展来看，经济学开始将博弈论概念化，并对行为经济学产生了兴趣；政治学发展了投票选举的理性选择理论；社会学有了新的社会交往理论；心理学则进一步扩展了社会因素对个体影响的研究(Webster et al.,2014)[5]，等等。新技术的发展伴随着大学、政府、企业性质的各类研究机构中实验室的建立，为实验活动的开展提供了物质基础。自从 1879 年冯特(Wilhelm Wundt)在德国莱比锡大学建立了第一个心理学实验室后，各类实验室设备得以逐渐发明和成熟，如单向镜、录音录像设备、电视和电脑等，这使得对实验对象实施干预、控制、观察和记录得以可能。在数学工具方面，通过将结构功能概念转化为行为变量，以变量为核心的统计学方法使实验的语言得以规范化(罗斯,2007)[199]。

进入 21 世纪后，实验方法变得愈发受到关注，相关研究文献的数量急剧增长，其中产生的重要学术成果推动着相关方法论最终受到学界认可。以经济学为例，2002 年，基于实验室实验方法，卡尼曼(Daniel Kahneman)的决策行为研究和史密斯(Vernon Smith)的市场机制研究获得了诺贝尔经济学奖。颁奖词中写道：“实验室中的研究结果……能够对经济学理论的发展起到重要影响……正如物理学实验室对于微观现象的研究结果(如基本粒子和热力学)关键性地影响了理论物理学的发展那样”(Royal Swedish Academy of Sciences,2002)[3]。班纳吉(Abhijit Banerjee)、迪弗洛(Esther Duflo)与克雷默(Michael Kremer)利用随机对照田野实验(random controlled field experiment)进行的扶贫政策研究在 2019 年获得了诺贝尔经济学奖。2021 年，该奖项颁给了对自然实验方法以及实验的因果推断框架做出重大理论和实证贡献的卡德(David Card)、因本斯与安格里斯特(Joshua Angrist)。此外，在历史学、政治学等领域，也涌现出戴蒙德(Jared Diamond)、邓宁(Thad Dunning)等一批自然实验方法的主要推广者，以及一系列以实验方法论为主题的研究专著。

然而，社会科学共同体中否定或是反对使用实验方法的观点绝非少数。这类观点最早可以追溯到穆勒(John S. Mill)。他认为，从认识论上来说，人类行为和社会现象十分复杂，研究者无法逐一观察和记录实验过程中的事实和特征；即便用足够长的时间完成了实验结果的确认，现象本身也通常已经发生了变化。而从实践的角度，穆勒更加怀疑实施实验的可能性："当我们试图在研究社会现象中的规律时使用实验方法，第一个难题就是没有任何手段可以开展人工实验"(Mill，[1843]1965)[881]。反对者们普遍认为，社会科学中难以实现操纵和控制，如塞缪尔森(Paul A. Samuelson)和诺德豪斯(William D. Nordhouse)在早期经典教材《经济学》中所言："经济学中无法进行化学和生物那样的可控实验……就像天文学或气象学那样，经济学应该依赖观察"(Samuelson & Nordhaus，1985)[8]。劳森认为，经济学应该接受无法应用实验方法的现实，并应该以此为前提去讨论如何以受控观察和新方法来推动研究的发展(Lawson，1997)[199]。近年来，随着各类实验方法投入实际的使用，越来越多的学者对其进行了更有针对性的批评。如普林斯顿大学微观经济学家迪顿(Angus Deaton)认为，随机对照实验在设计上缺少理论和机制的指引，并不具有方法论上的优越地位(Deaton，2010)。宏观经济学家西姆斯(Christopher A. Sims)则批评自然实验等准实验方法不过是伪实验和"修辞设备"(rhetorical devices)，并且断言"经济学不是一种实验科学"(Sims，2010)。安格里斯特和皮施克(Jörn-Steffen Pischke)在同期期刊上与西姆斯展开了针锋相对的论辩(Angrist & Pischke，2010)。此外还有从实验设计、统计学工具、结论解读、应用前景等具体问题出发进行的技术性批评。迪顿和西姆斯分别是 2015 年和 2011 年的诺贝尔经济学奖获得者。由此可见，以随机对照实验和自然实验为代表的扩展性实验方法仍面临着巨大的争议，以及许多悬而未决的具体问题。本书希望通过说明社会科学中常用实验方法与自然科学实验方法的共同逻辑，来促进对科学的整体性理解。

上述实验的方法论问题不仅是社会科学家关心的重要话题，而且开始被科学哲学领域的前沿研究所关注。在近 20 年内出版的一般科学哲学和分支科学哲学的综合性著作中，常常能见到相关的议题。例如，2007 年出版的《一般科学哲学：焦点问题》(*General Philosophy of Science：Focal Issues*)中，第五章专门讨论了社会科学中实验的角色，并指出这是社会科学方法论中的核心问题(Kuiper，2007)[275]。2012 年出版的《牛津社会科学哲学手册》(*The Oxford Handbook of Philosophy of Social Science*)第十三章专门讨论了在经济学中应用随机对照实验的证据质量和政策效果预测能力(Kincaid,2012)。《经济学哲学：当代导论》(*Philosophy of Economics: A Contemporary Introduction*)第十章中讨论了经济学实验的四种类型及其特点和作用(Reiss,2013)。《当代社会科学哲学导论》(*Philosophy of Social Science: A Contemporary Introduction*)中将实验与因果模型和案例研究作为社会科学中最重要的三种研究方法加以讨论(Risjord,2014)。

随着实验在社会科学领域迎来新的应用和发展,其形式和内容的不断扩充使其概念自身面临着挑战,其定义亟须寻求新的理解。保守立场坚持实验应受控地发生在实验室之中,因而认为实验概念在扩展至其他领域的过程中已经遭到了过度应用和延伸。"已经有太多的活动被当作是'实验'。例如在经济政策研究中,与实验室完全无关的'实验'声称自己得到了新的知识;甚至还有被认为能够产生知识的、基于严格的想象的'思想实验';又或者是通过使用统计学比较、理论和定量模型的计算机模拟来探索不同的场景。很明显,在经济学中,'实验'一词的真正含义一点也不清楚。"(Fontaine & Leonard,2005)[2] 这促使政治学家邓宁提出,为了防止实验概念的过度泛化和滥用,这些非传统实验应该以医学中作为方法论黄金标准的随机对照实验为设计标准(Dunning,2012)。而对于实验持开放性立场的研究者则更加强调以求异法、比较法为核心设计原则的方法论融合与创新。如在动物学、生理学和历史文化研究各领域均有建树的戴蒙德就将自然实验视作受控的实验室对照实验的可靠替代(戴蒙德,2017)[7]。可见,实验方法的定义一方面需要充分考虑和涵括其实践的多元特征,另一方面也需要说明其内在多样性在融合过程中存在的张力。

在上述历史背景下,本书关注于随机对照实验与自然实验两种特殊类型的实验中存在的方法论问题。通过对实验方法的设计与选择、实验结果的分析以及实验方法的评价等方面的评述,首先,梳理两类方法的构成要素,考察二者是否具有对话的共同基础。其次,分析各方法自身的特性,比较其间的差异,并尝试对相应的科学争论问题给出回答。

1.2　研究问题及研究现状

1.2.1　研究问题的界定

本书以两种特殊类型的实验为研究对象。谈到实验的科学哲学研究,首先需要对实验的概念进行适当界定。早期新实验主义和一般科学哲学中对于实验的表述大多是以实验室为原型进行的抽象刻画，强调了实验作为人工可控环境中运行的物质性活动的特征。例如，《当代自然辩证法教程》中将科学实验定义为“人们根据一定的科学研究目的，运用一定的物质手段(科学仪器和设备)，在人为控制或变革客观事物的条件下获得科学事实的基本方法……与自然观察不同，它是对于客体进行积极干预下进行的观察。”(曾国屏 等，2005)[159] 刘大椿在《科学哲学》中将实验定义为“人们根据一定的研究目的，利用科学仪器、设备，人为地控制或模拟自然现象，使自然过程或生产过程以纯粹的、典型的形式表现出来，以便在有利的条件下进行观察和研究的一种方法。”(刘大椿，2006)[99] 新实验主义为了强调实验与命题知识的区别，更是着重强调实验活动的物质性，如哈勒(Rom Harré)认为：“实验是对仪器的操控，即按照不同方式将特定排列的某种物质原材料整合到物质世界中。”(Harré，2003)[19] 类似地，拉德(Hans Radder)认为：“实验是人对物质世界的主动干预，涉及实验过程的物质实现(包括研究对象、仪器以及它们之间的互动)。”(Radder，2003)[4]

以上定义均强调了实验需要借助科学仪器进行人工控制和干预，但这些要素对于随机对照实验和自然实验来说似乎并非必要，因此本书需要对实验进行重新界定。在常用这些方法的社会科学领域的哲学讨论中，实验的定义仍然处于争论之中。问题的核心部分在于：是否应当以及该如何沿用和协调传统上的自然科学实验概念来理解和评价社会科学实验？冈萨雷斯整理了实验概念具备的七个特征(Gonzalez，2007)，这为我们寻找一个适当的实验定义提供了很好的参考框架。

(1) 语义学上，实验与“观察”有着不同的语义和指向。

(2) 逻辑上，实验是科学的结构性组成部分，并且原则上与“理论”和“模型”区分开。

(3) 认识论上，实验是一种通过非直接(non-immediate)过程获得的可靠知识。

(4) 方法论上，实验应该与一个可重复的过程相联系，因此，它通常与可再现性(reproducibility)和可重复性(replicability)相联系①。

---

① 可重复性在英文中对应许多不同的词汇，典型的如“repeatability”“replicability”和“reproducibility”。进行相关讨论的学者经常混用以上词汇。少数研究者和学科领域会区分不同词语对应含义，如区分实验流程和结果的重复，重做完整实验或是重新进行数据处理，等等(肖显静，2018c；Fidler & Wilcox，2021)。拉德认为“repeatability”侧重于观察这一行为的再现，“replicability”侧重于物质性实验结果的复制，“reproducibility”则意味着对实验过程和结果看作一个流程式的整体(Radder，1992)。下文中不对相关用词进行特别的区分，主要参考诺顿(Norton，2015)并以“replicability”对应于中文的“可重复性”。

(5) 本体论上，实验与他物(otherness)的概念有关(即需要通过测试来确认真或假的事物)。

(6) 价值论上，实验可以根据不同的目标设立不同的价值取向(如基础科学实验可以与应用科学实验不同)。

(7) 伦理学上，对于与某些人类和社会事务有关的实验有着特别的关注。

虽然本书中的后续讨论与该框架的部分要求有着不同的观点(如针对第(1)点和第(4)点)，但冈萨雷斯给出的七个特征在类目上无疑是实验的哲学研究必须关注的。冈萨雷斯还强调，这些新的实验方法是扩展的、多元化的，不同类型的实验在不同程度上展现了以上特征。以往的哲学家和社会科学家质疑实验，其实是基于传统上将实验视为一种受理论约束的、在可控的物质环境中稳定实现的人为干预的立场，因而难以设想其在社会科学研究情景中的可行性。而今天涌现出的多元化、成果颇丰的实验实践所带来的扩展版本的实验概念为打破这些质疑提供了新的观点和证据。

经济史家摩根(Mary S. Morgan)在对自然实验的研究中批评了新实验主义表现出的对实验物质性的强调："奇怪的是，一方面新实验主义建议我们将实验视为有自己的生命，另一方面则仍然保留了实验本质是在物质性层面上进行可控的操控或干预的这种旧观念。"(Morgan，2003)[217] 受此启发，考虑到传统实验定义在此处的不适用，本书给出进行的实验定义只保留"干预"和"对照"作为核心设计要素，而不再限定其发生的环境和依赖的仪器。即，实验指：通过考察其他条件相似的干预组和对照组在受到干预后的表现差异，从而探究因果关系的研究。其中，干预指对实验目标系统施加的外部扰动，其效果必须能够使因变量的取值发生改变。干预本身不依赖于研究者的意向和能力范围：干预可以是自然发生的(如地震、火灾)，也可以是实验目的之外的人为事件(如战争、政策变化)。对照，即目标研究对象在未受到干预和受到干预两种情形下状态的比较，从而获得因变量发生改变后自变量的变化值。这个定义可能稍显宽泛，但是它的确能够容纳选题所关注的两种实验的构造逻辑，同时并不违背自然科学实验的一般设计思路。例如，在新型冠状病毒感染流行前后对某类人群心理健康状态的访谈是否可以称为实验呢?① 本书认为这并不违背实验的定义：它包含了一个

① 该研究设计来自(Prati & Mancini，2021)，标题为 The psychological impact of COVID-19 pandemic lockdowns: a review and meta-analysis of longitudinal studies and natural experiments。

有效的干预(病毒感染)和纵向对照(比较同类人群的心理状态变化),从而考察疫情与心理状态变化之间的因果关系。不过,这样的实验设计是否有足够的说服力,还要进一步考察研究者的论证:这一干预改变了哪些因变量以及如何改变它们的取值?应该如何收集和量化对照后的因变量变化值?如何建立因变量和自变量之间的关联、确认因果顺序?该实验建立在何种理论和模型的预设之上、检验了何种预测?等等。这样一来,该定义虽然是一个相对较低的门槛,但是由此对实验合法性的评价能够转变为对实验者的辩护过程的考察和分析。正如因果推理应该体现为一个合理的论证过程而不仅仅是得出结论(King et al.,1994)[33],实验的方法论的特质同样蕴含在辩护过程之中,这正是本书将要通过案例进行重点考察的方面。

采取这样的实验定义意味着与常用的自然科学实验定义的分割。社会科学领域的实验方法总是面临着自然主义立场的选择问题,即:社会科学是否应该效仿自然科学中大获成功的研究方法?换句话说,社会科学是否应该有自己独特的一套方法论?虽然从历史角度看,本书所关注的扩展的实验方法正是随着自然主义思潮涌入社会科学的,但这并不意味着它们仍然停留在过去的自然科学传统中。时至今日,随机对照实验和自然实验的发展综合累积了来自不同学科的改进与修正。因而其中新特征的涌现以及新类型的分化非常值得关注。通过跟踪最新的实验实证研究和科学家的方法论论述,本书将试图发掘和呈现上述实验方法在生物医学和社会科学等领域中的具体特征。

在定义了实验之后,随机对照实验和自然实验的具体定义只需呈现出二者的差异即可。如1.1节中所介绍的,随机对照实验即通过随机分配将实验对象分为实验组和对照组,对比两组样本在接受实验干预后的结果差异的实验。自然实验即将自然界或社会情境中不在实验者操控之下发生的事件作为实验干预,对其中自然形成的、可比较的实验分组的后续结果进行比较分析的实验。这两类实验都满足上文给出的实验定义,其差异主要在于干预来源和分配方式两个环节。针对这两个实验特征的详细讨论将分别在它们各自所属的第4章和第5章进行。

接下来,还需要说明本书的科学哲学研究取向。整体来说,科学实验哲学的研究进路可以分为两大类。第一大类是认识论导向,具体体现为借助实验的语境来回应传统科学哲学问题,如实验和理论的关系、实验中的因果推理、知识的性质,等等。例如,在实验-理论关系方面,迪昂(Pierre Duhem)认为,物理学实验的结果并不是对事实的观察陈述,而是经由理论改写而成的符号语言(Duhem,1974[156];转引自霍恩,2015[153])。在因果推理方面,伍德沃德(James Woodward)建立了一种以干预为核心概念的实验因果推理框架(Woodward,2003)。在知识的性质方面,皮克林(Andrew Pickering)指出从实验获得的事实到科学知识之间存在一个上升的连接通道(Pickering,1992)。贝尔德(Davis Baird,2004)则从实验仪器出发构建了一种物质知识论,从而反对了知识获得过程中从物质到命题的上升——在实验中,物质本身就构成了知识。科学知识社会学学者柯林斯通过对实验室的实地考察,指出科学家并不常常进行重复实验,并由此提出"实验者回归"难题来批评可重复性这一知识的可靠性前提(柯林斯,2007)[18]。在科学史领域,夏平(Steven Shapin)和谢弗(Simon Schaffer)通过17世纪空气泵的案例为实验者回归的存在增添了更多证据(夏平,谢弗,2008)[216]。作为回应,拉德反驳了科学家不会进行重复实验活动的观点,但同时也承认实验者回归是只能被缓解、无法被彻底消除的问题(Radder,1992)。借助实验的证据和结果还可以对经典科学问题或哲学概念进行新的讨论。如威尔逊云室实验与原子(粒子)实在论(Galison,1997),经济学实验对有限理性(bounded-rationality)提供的新理解(Scazzieri,2003),等等。

第二大类是方法论关切,即"从大量的测量、方法、程序、概念、样式等转变到实验的一些普遍的、有结合力以及连贯的观点",最终"以经济的、紧凑的方式来把握实验的方方面面和特征"(霍恩,2015)[154]。这一类进路的共识是在保留实验的实践复杂性的基础上,再进行哲学概括和抽象,其结果可以看作是对实验的哲学"素描"。这一类研究可以进一步按照具体切入点分为要素类(误差、数据、统计学工具、技术)、物质类(仪器)、性质类(稳定性、可重复性、鲁棒性、物质性)。例如,霍恩(Giora Hon)力图发展一种围绕实验误差以及相关推理逻辑展开的实验哲学(Hon,2003)[259]。他对实验中的误差这一"负面"要素的四种来源及形式进行了分类考察,其分类方式受到培根(Francis Bacon)四种假象理论的启发(霍恩,2015)。霍恩希望借助实验误差以连接实验哲学的普遍概括与实验史体现出的实践复杂性。再比如,哈勒针对实验的仪器进行哲学分析,将仪器分为"驯化的人工自然"以及"能与自然建立因果关联的工具"两个家族分支(Harré,2003)。从实验的性质切入则往往和第一大类认识论进路存在交叉。

上述切入点通常被视为作为整体的实验所共有的要素。此外,还有对特定类型和风格的实验进行的独立考察。这将前文整体性的实验范畴进行了区分和切割。此类研究涉及了思想实验(Innocenti & Zappia,2005;

Reiss，2009；Thoma，2016）、模拟实验（Morgan，2003；Keller，2003；Parker，2009；Parke，2014）、随机对照实验、自然实验等。思想实验是一种以理论和模型为基础的演绎方法，它并不涉及真实发生的干预，也不需要从实验组和对照组之间寻找差值，因此思想实验并不符合本书对实验的界定，故在此不做进一步介绍。模拟实验在思想实验的基础上，使用计算机等设备，通过对复杂微分方程进行数值求解，或是对动态过程进行图像推演来获得演绎推理结果，它同样不需要涉及干预和分组对照。对这两类实验的研究主要关注于其作为一种虚拟模型"实验"的物质性、认识论和语用分析。对随机对照实验和自然实验各自的研究综述在 1.2.2 节进行。

最后，也是本书选取的进路——实验的方法论问题评析。整体来说，这一进路是对实验方法的批判性评价，主要涉及实验的推理形式、设计原则、规范性标准、证据等级、统计工具，等等。该进路既要求深入考察特定类型实验的具体特征，亦需要回到一般的抽象层面进行论述。这一进路也同时是科学哲学能够为今天科学事业做出贡献的方式之一①。

需要特别强调的是，本书参考的主要资料和案例来源是科学研究中方法论争论中的辩护过程，即考察实验者选取了哪些实验的特征来论证和评价实验设计的合理程度，以及实验设计改进的相关论述中的基本要素，如：实验对象的物质性、可操控性、可重复性、统计模型和数据分析方法，等等。虽然这些实验的基本要素在自然科学实验中同样重要，但是这并不意味着可以使用同样的标准来评价所有不同类型和学科的实验方法。仅以可重复性为例，从权威学术期刊《自然》2016 年开展的调研中可以看到，即便在自然科学中，不同学科研究者对于可重复危机的程度判断存在差异（Baker，2016；见图 1.3）。在化学、工程等实验室实验领域，大多数研究者对现有文献的可重复性很有信心。而在大量使用随机对照实验的生物医药领域，该分布明显下移，这意味着认为现有文献不可重复的研究者变得更多。假设我们相信科学家的诚信水平在各个学科领域应该存在近似的分布，那么该现象的成因也许应该归结于不同学科领域中的实验方法的应用面临了不同的问题，因而最终导致了不同程度的可重复难题。

还需说明的是，按照实验目的分类，本书仅关注旨在检验关于因果关系假设的实验。诚然，实验的目的不仅于此，其他目的譬如：寻找新现象的探

---

① 其他的方式还包括澄清科学概念、构建新的概念和理论、促进不同学科以及科学与社会之间的对话（Laplane et al.，2019）[3949]。

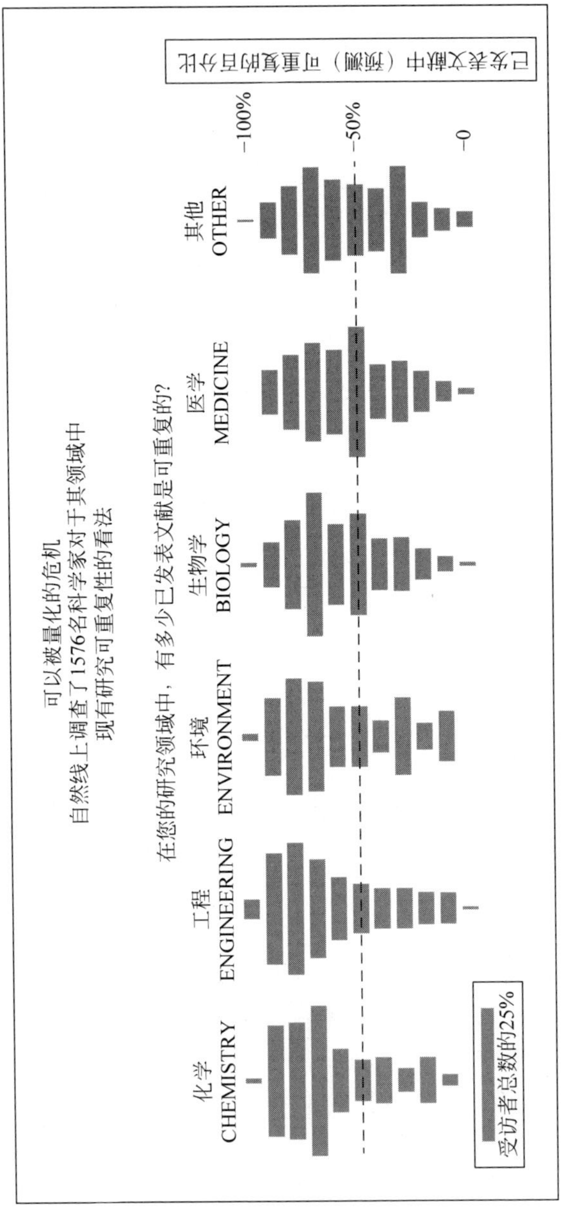

图 1.3 不同领域的科学家对于可重复危机的看法

Baker，2016；著者译

索实验(Franklin,2005),假说证明性的实验(Wimsatt,2015),通过新的结果引发进一步研究的启发性实验(Morgan,2005; Parke,2014; Currie,2018),以及围绕特殊复杂仪器展开的实验(Galison,1997),等等。它们同样具有重要的研究意义和丰富的内涵。不过受限于学力和精力,本书暂不纳入讨论这些类型的实验。

基于此,本书以随机对照实验与自然实验所涉及的一系列方法论争论为核心研究问题,通过实验特征的哲学框架、两类实验的设计思路、两类实验的异同比较三个问题层次展开论述。其中,实验特征的哲学框架选取了可操控性和可重复性两个维度进行构建。在对这两个特征进行说明的基础之上,分别对两类实验的设计思路进行梳理,结合具体案例,讨论和回应相关方法论争论。接下来,通过对干预实施和分组策略的考察对二者进行比较。最后,提炼出实验方法设计辩护过程的一般过程,并将其总结为三个具体步骤(见图1.4)。

1.2.2 国内外研究现状

在科学哲学文献中,对实验的关注兴起于新实验主义思潮,因此本节首先简要介绍新实验主义时期的研究进路和发展方向。随后再对随机对照实验和自然实验各自的研究状况进行梳理。

1. 新实验主义以及特殊类型实验的哲学研究

传统上,逻辑经验主义主要讨论理论知识,同时将实验视为证明和检验理论的观察证据,其产生的过程则无关紧要(Ackermann,1989)。此后,历史主义质疑研究者的理论预期在很大程度上决定了观察的结果。科学知识社会学则更激进地宣称观察事实是由科学家群体在社会协商中构建而来。如此,经验证据便并不能像传统科学哲学设想的那样客观地约束着科学理论,而是成为理论的附属。但这一结论违背了一种普遍的直觉,即实验观察和理论推理应该共同地(甚至是对称地)推动了科学的发展。为了"拯救"经验论,20世纪80年代,一批科学哲学家、历史学家和社会学家开始关注实验、仪器和实验室实践活动。该"新实验主义"(new experimentalism,Ackermann,1989)思潮希望发展一个对实验实践过程如何获得数据和知识的说明,从而开辟一条新的进路。

新实验主义中最具代表性的观点是哈金(Ian Hacking,1983)提出的"实验具有自己的生命"。实验的生命力在后继研究中进一步体现为三个层

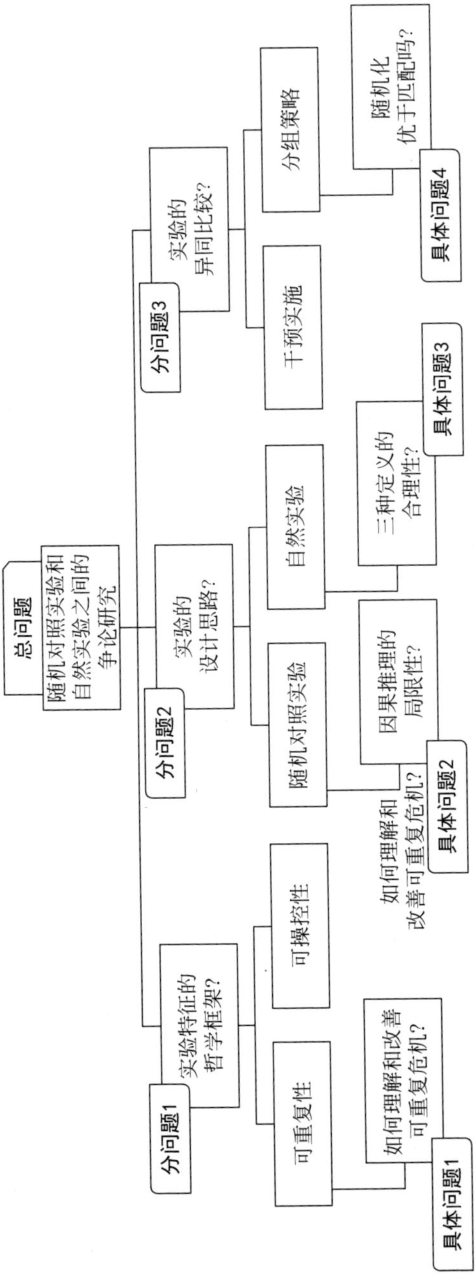

总问题
随机对照实验和自然实验之间的争论研究
分问题1
实验特征的哲学框架？
可重复性
可操控性
具体问题1
如何理解和改善可重复危机？
分问题2
实验的设计思路？
随机对照实验
自然实验
具体问题2
因果推理的局限性？
如何理解和改善可重复危机？
具体问题3
三种定义的合理性？
分问题3
实验的异同比较？
干预实施
分组策略
具体问题4
随机化优于匹配吗？

图 1.4　研究问题一览

面的论证。其一，实验研究可以完全独立于测试、确认或填充理论等功能，其直接目的是回应研究中的局部任务［后来被称为“局部假说”（topical hypothese）］。其二，实验证据可以独立于理论而得到证明，因此“科学实验哲学不允许理论主导的哲学说明怀疑观察的概念本身”（哈金，2006）[47]。其三，实验知识在理论发生变化时可以保持不变，因此实验证据不仅可以在对立的理论之间做出裁决，并且可以提供科学进步过程中相对恒定的基础（Mayo，1994）。这使得实验和理论在哲学讨论中得以分离，从而获得了新的生命。

此后，科学哲学的实验研究在内容上更加多样性。论文集《科学实验哲学》（*Philosophy of Scientific Experimentation*）可以看作是新实验主义研究的重要阶段性成果。编者拉德在其前言中总结了 6 个中心论题：实验的物质实现；实验和因果关系，科学-技术关系；实验中理论的角色；建模和计算机实验；仪器的科学和哲学意义。这些议题对于理解实验和科学都具有重要意义，极大地拓宽了科学哲学的研究对象。这本书的中文翻译（拉德，2015）同样使得科学实验和实践成为国内学界的重点关注对象（陈向群，马雷，2016；吴彤，孟强，2021）。

不过，从上述论题的松散程度也可以看出新实验主义本身并没有一个相对完整严格的研究纲领，因而至今尚未作为一个独立的学术流派成长起来。但是这并不意味着实验的哲学主题无足轻重；相反，实验在今天的前沿科学哲学研究中是一个热门话题。存在着一批长期活跃于实验相关子话题的学者，他们分散于分支科学哲学、科学思想史、学科史等诸多领域，围绕实验的哲学概念、组成要素、特殊类型等具体问题进行着深入研究。在这些学者中最为著名的是卡特赖特（Nancy Cartwright）、摩根、沃勒尔（John Worrall）、冈萨雷斯（Wenceslao J. Gonzalez）等人，他们均对本书中涉及的两种实验方法进行了长期且集中的讨论，提供了重要的研究基础。

其中，卡特赖特发表了多篇论文讨论随机对照实验在社会科学中的适用性问题（Cartwright，2007，2010；Cartwright & Munro，2010；Deaton & Cartwright，2018）。摩根以模型实验、虚拟实验为例分析了非物质性实验的特点及其如何与物质世界相联系（Morgan，2003），检视了社会科学中的自然实验的分类问题（Morgan，2013）。沃勒尔逐一考察了随机对照实验支持者关于其证据等级占有最高地位的论证，并提出了反驳和进一步的哲学问题（Worrall，2002；2007a；2007b；2010）。冈萨雷斯评述了社会科学中实验的流行和遭到的质疑（Gonzalez，2007），并分析了经济学家泽尔滕

(Reinhard Selten)博弈论实验(Gonzalez,2003)的设计思路。以上研究从科学哲学和科学史的多个角度展开,深入分析了科学研究的实际案例,并对实验中涉及的哲学问题进行了探究。

传统科学哲学在讨论实验时将实验视为一个整体,并且往往以物理学实验作为其典范加以说明,这一惯性仍然可见于早期的新实验主义。相比之下,科学史学者更早注意到实验的不同类型和风格。这类研究通常会确立某种实验类型的概念,或者提出一种重要的区分性特征。例如,分析的实验和综合的实验、探索性实验和验证性实验,等等(Klein,2003; Steinle,2006)。科学史家皮克斯通(John V. Pickstone)曾评论道:"我们仍未找到一个普遍受到承认的实验分类标准"(Pickstone,2001),而实验的分类问题直至今日也没有得到很好的解答。

哲学和历史研究中已有的实验分类体系通常围绕抽象概念建立,其分类标准如前文所述的实验知识结果的类型,或是基于实验和理论的关系。这样一来,广泛存在于科学实践中的各类实验则难以与之直接对应。上述分类方式很大程度上源自对 20 世纪以前实验科学的科史哲研究。并且,此类研究需要聚焦于某一位科学家的实验活动及其观念,加之当时的实验活动尚未系统化和建制化,因此不必同时讨论差异过大的不同类型实验方法。在本书关注的 20 世纪末至 21 世纪初的实验科学背景下,对今日实验科学家的方法论话语体系的理解和分析需要扩充对不同类型实验的哲学和历史考察。

虽然缺少广为接受的系统性实验分类标准,但对特定类型实验已有不少哲学研究,且可以分为科学史、科学哲学研究以及科学家的方法论研究两个主要类别。前者更注重对实验特征的归纳、分类和抽象,以及借助案例对传统科学哲学问题进行回应。摩根和凯勒(Evelyn F. Keller)分别对两种特殊类型的实验方法进行了讨论。摩根从实验的物质性程度进行分类,比较分析了两类非物质性的模拟实验(Morgan,2003)。此外,摩根从实验设计中"其他条件均同"(*ceteris paribus*)的实现程度对自然实验进行了类型划分,并评述了经典的研究案例(Morgan,2013)。凯勒区分了物理学中模拟实验的三个历史发展阶段及其特征(Keller,2003)。二者研究进路的相似之处在于从具体实验案例出发,选取某一类型的实验进行细致的方法论区分,并挑选实验的一个重要特征作为分类标准。她们的结论在形式上也呈现出相似性:实验的不同类型可以理解为某一实验特征连续谱的两端。这提示我们,随着实验方法的不断创新、发展与融合,实验虽然发展出了更多的类型,但它们之间同样存在着连续性。这种“渐变”的动力往往来自科学研究局部问题和限制条件的要求。因此在对特殊类型实验进行研究时,不仅要把握不同类型间的差异,也要理解它们之间的相似性。

科学家的方法论研究更加侧重于研究方法的应用、改进和推广,他们会更细致地叙述实验设计中的重要环节、需要避免的常见误差,以及该方法在研究中的优缺点。围绕着学科应用和具体实验类型写作的有:迪弗洛等人所著的《发展经济学手册》(*Handbook of Development Economics*)第61章《在发展经济学中使用随机化:一个工具包》(Duflo et al.,2007),安格里斯特与皮施克以理想随机对照实验为基本设计理念所著的《基本无害的计量经济学:实证研究者指南》(*Mostly Harmless Econometrics: An Empiricist's Companion*,Angrist & Pischke,2009),戴蒙德与罗宾森编纂的论文集《历史的自然实验》(*Natural Experiments of History*,Diamond & Robinson,2010),英国医学研究委员会(UK Medical Research Council)编写的《使用自然实验评价人口健康干预措施:医学研究委员会新指南》(*Using Natural Experiments to Evaluate Population Health Interventions: New Medical Research Council guidance*,Craig et al.,2012),邓宁的《社会科学中的自然实验》(*Natural Experiments in the Social Sciences*,Dunning,2012)等。从统计学框架和数据处理技术出发介绍实验方法设计与改进的有:《临床随机对照实验导论》(*Introduction to Randomized Controlled Clinical Trials*,Matthews,2006),因本斯与鲁宾合著的《写给统计学、社会科学与生物医学的因果推理导论》(*Causal Inference for Statistics, Social and Biomedical Sciences: An Introduction*,Imbens & Rubin,2015),今井耕介(Kosuke Imai)所著的《量化社会科学导论》(今井耕介,2020)等。通过这些教学类书籍,本书重点关注科学家如何构建其实验设计的基本框架,以及他们在实际案例的分析评价中所重点强调的实践性问题。

另一些科学家持有较强的批判性立场,对于实验方法的使用持保留态度,有些甚至否定实验在社会科学中的运用。这些批评可以进一步分为两类。第一类基于统计模型(Berger,2005;Cuesta & Imai,2016)、数据处理(Deaton,2009,2010;Heckman & Urzua,2010;Walsh et al.,2014)、实验实践与伦理(Jadad & Enkin,2007;Sims,2010;Brown,2013;Teele,2014)等技术性角度展开。此类批评很快得到了实验支持者的正面回应,如因本斯(Imbens,2010)回应了迪顿(Deaton,2009)和海克曼等人(Heckman et al.,2009)对 RCT 中使用工具变量的质疑;宾夕法尼亚大学教授蒂尔(Teele,2014)主编的《社会科学中对实验的应用和误用论文集》收录了她 2009 年在哈佛大学组织的一场围绕随机实地实验展开的辩论中各方著名学者的文章,其中不乏针锋相对的批评论述。

第二类从证据质量和证据等级(hierarchy of evidence)的角度,对实验和非实验研究进行比较和权衡。实验的支持者强调随机对照实验具有高度内部有效性,甚至将其视为确凿证据的唯一来源(Sackett et al.,2000;Banerjee,2007[12])。随着循证医学(evidence-based medicine)运动的发展,越来越多医学研究者强调证据的可靠性,并开始对不同来源证据的质量进行区分。证据等级这一表述最早见于 1979 年,由加拿大定期健康检查工作组首次提出(Canadian Task Force on the Periodic Health Examination,1979)。此后,许多医学研究机构和管理组织都提出和发展了证据等级的说明文件,其目的在于为医疗工作人员提供一个评估和选择临床干预治疗方案的指导方针(Sackett,1986;Woolf et al.,1990;Cook et al.,1992;Wilson et al.,1995;Harris,2001;Scottish Intercollegiate Guidelines Network,2019)。虽然证据等级体系经过了不断的修订和细化,但随机对照实验以及对其进行的系统性分析结果始终被置于最高位置(Evans,2002)。① 在这一背景下,不少反对者充分地强调了实验设计和实施中的常见缺陷(Grossman & Mackenzie,2005),尤其是外部有效性问题(Rothwell,2005)。批评者们将社会科学中的研究方法进行横向比较(Kones et al.,2014;Chavez-Macgregor et al.,2016;Frieden,2017),揭示了现有证据等级体系的问题(Baker et al.,2010),从而提倡走向研究方法的多元化(Rodrik,2008;Clark & Shadish,2012;Imai et al.,2014;Gelman,2014)。这部分讨论试图寻找实验方法的边界,探索了实验与学科发展模式和目标之间的关联。在本书的后续章节中会具体呈现上述科学家的方法论研究中的观点。

本书讨论的随机对照实验和自然实验主要应用于社会科学各个领域,以及生物医学、流行病学、生态学等诸多学科,呈现出明显的跨学科特质。同样,在这些领域中也会使用传统的自然科学实验室实验,典型的如心理学

① 在 SIGN(Scottish Intercollegiate Guidelines Network)2019 年发布的最新版本中删去了证据等级这一表述,改为了“对于最佳证据的一套搜索筛选标准”,其中排在第一、二位的分别是系统性综述(如对 RCT 的荟萃分析)以及随机对照实验(SIGN50,2019)17。也就是说,随机对照实验证据仍然排在第一位。

和经济学。前者往往是对少数被试者在实验室等人工可控环境内部进行可检测生理指标(如脑电波、心率等)的测试。后者更多呈现为博弈论模型下的模拟决策行为。这类实验虽然同样符合本书采取的实验定义(涉及干预和分组对照),但是其可应用的研究题目和场景较为受限,实验设计上也更加接近于自然科学实验的范式,因此不单独加以讨论。此外,还有"思想实验"这一经常被关注的类型(Innocenti et al.,2005; Reiss,2009; Thoma,2016; Brown & Fehige,2022)。思想实验是一种理论和模型的演绎方法,它并不涉及真实发生的干预,也不需要从实验组和对照组之间寻找差值,并不符合本书对实验的界定,故在此不做进一步介绍。

近十年来,国内学界对于社会科学实验方法有了越来越多的关注和应用,如《清华大学学报》2016 年第 4 期中的"实验社会科学"专题(李强,2016)收录了 3 篇政治学中的实验实证研究论文。中国人民大学经济学教授陆方文结合自己的实验研究成果所著的《随机实地实验:理论、方法和在中国的运用》(陆方文,2020)。一些期刊文章引介和评述了国外的经典实验案例(肖晞,王琳,2017; 刘生龙,2021)、从科学家的视角评论了特定类型实验的方法论特点(余莎,耿曙,2017; 罗俊,2020)、比较了不同实验因果推理模型的数据分析结果差异(臧雷振 等,2021)、评述了实验方法在各个学科语境下的重要意义(陈少威 等,2016; 王俊杰,2016; 臧雷振,2016; 朱春奎,2018; 代涛涛,陈志霞,2019)。从一般科学哲学和社会科学哲学角度,赵雷和殷杰讨论了实验在社会科学中的兴起及基本特征,以及实验作为自然科学和社会科学共同方法论基础的可能性(赵雷,殷杰,2018)。

与本书主旨相关的学位论文可大致分为三类。首先是对于科学实验的一般哲学分析,如复旦大学马晓俊的博士论文《科学实验的哲学研究》(马晓俊,2007)、山西大学代书峰的硕士论文《科学实验的哲学意义分析》(代书峰,2013)。其中,马晓俊在梳理科学实验思想史的基础上,依次梳理和讨论了传统科学哲学和实践转向之后的科学哲学中的实验观,呈现了实验如何在科学事业中确立其地位,说明了实验观念的变迁、体制化以及其适用领域的扩展的历史和逻辑。论文在比较分析科学哲学中"理论优位"的实验观、实践转向后的实验观,以及社会建构理论的实验研究成果之后,指出实验是实践的、历史的、多元的。其主要结论是从哲学理论和观点的发展演变出发,强调实验的实践特性。本书整体上认同该观点,并从方法论和实际科学研究案例的角度提供了对多元实验观念的构成要素和形成逻辑的证据支撑,更加具体地说明了实验的实践特性与实验的抽象性质之间的关联。代书峰从实验的本体论、认识论和方法论层面分别对实验的意义进行了分析。

其次是在新实验主义和科学实践哲学框架下的哲学观点梳理和进一步研究，如清华大学郑金连的硕士论文《从哈金到拉德、劳斯——新实验主义的近期发展》（郑金连，2007）、清华大学何华青的博士论文《新实验主义研究》（何华青，2009）、华南理工大学王鹏的硕士论文《科学实验与概念阐明——基于科学实践的考察》（王鹏，2016）。其中，郑金连梳理和比较了三位新实验主义代表人物的哲学观点；何华青对新实验主义理论视角下实验的本体论、认识论、方法论和科学进步观念分别进行了探讨；王鹏以摩尔根对基因概念的实验阐释为例分析了科学实践哲学视角下实验系统的构成。上述研究更加强调通过哲学分析和案例研究来论证和支撑新实验主义思潮和科学实践哲学的实验观念，但均侧重于对实验的整体考察。本书作为这一类整体性实验哲学研究框架的同道者，选择了特殊类型实验方法和具体的方法论问题，深入科学家的研究文献和论辩之中，试图挖掘其中具体的实践问题和研究工具。

最后是针对社会科学实验方法的哲学分析，如山西大学徐丹的硕士论文《社会科学中的实验问题》（徐丹，2013）、山西大学赵雷的博士论文《重建社会科学的哲学基础——当代自然主义的解决方案研究》的第五章中讨论了经济学实验方法（赵雷，2017）、厦门大学李露露的硕士论文《论社会科学实验与社会科学的发展》（李露露，2019）。徐丹对社会科学实验进行了历史回顾，介绍了差异法、随机分配和实控组三种实验设计策略如何能够建立因果关系，在与自然科学实验的对比中总结了社会科学实验的特征和意义；赵雷在社会科学的自然主义哲学框架下，以经济学实验为例讨论了自然主义在实践维度中的适用性；李露露对社会科学实验进行了概念界定，对人作为社会科学实验对象的特殊性进行了认识论层面的讨论。上述研究采取了与本书类似的进路，并且更关注于现行的实验方法如何能使实验结果与理论进行连接。相比之下，本书对现行实验方法和工具中的预设提供了更多的批判性反思，并指出了其中存在的问题，试图给出可能的解决方案。

此外也有少量对特殊类型实验方法的研究，如东华大学孙明贺的硕士论文《社会科学中的计算机实验方法研究》（孙明贺，2006）、哈尔滨师范大学李卓的硕士论文《计算机模拟方法的哲学研究》（李卓，2011）、哈尔滨工业大学王泽南的硕士论文《从传统社会学到计算社会学的方法论探析》（王泽南，2020）。对随机对照实验和自然实验的学位论文研究则尚未见到。

上述研究或是对某一学科背景中的新兴实验方法进行介绍，或是在实验的语境下探究了特定科学哲学问题，但尚未见到对社会科学多元实验方法的系统性论述。本书将在前人的基础上进行整合与深化，强调对实验方法谱系的综合与比较，并且重点论述不同类型实验的方法论特征。

2. 实验的特征之可重复性

可重复性通常被视为实验的重要特征。基于对科学知识的普遍性和客观性要求，知识命题应该是普遍成立的规律或描述，并且能够稳定地与事实相符。按照波普尔所言："只有通过(对于实验案例的)重复，我们才能相信自己不是在研究一个完全孤立的'巧合'"(Popper，1959)。这样一来，可重复性以及重复实验应该是实验满足的基本性质和设计原则之一。然而，这一科学共同体公认的原则受到了来自科学知识社会学的质疑，并面临着"实验者回归"(experimenter's regress)难题(柯林斯，2007)[71]，即：实验结果的真实性与其测定程序的有效性之间相互决定，构成了循环，因而对实验结果的重复并不能构成对其真实性的检验。在逻辑分析之外，柯林斯(Harry Collins)通过案例和田野调查说明：研究者实际上很少进行重复实验。他进一步通过深入实验室的社会学调研说明该循环的打破有赖于科学共同体的社会实践。

拉德在承认实验者回归现象存在的前提下回应了柯林斯(Radder，1992)。他首先对重复实验的种类进行了细分，并用科学史案例说明科学家并非完全不做重复实验，同时强调了实验中物质现象自身的稳定性可以构成实验结果真实性的基础。其次，拉德将实验者回归对于重复实验有效性构成的挑战分为两方面。一是他指出实验者采取的测定程序总是不充分的(尤其是在探索性实验中)，因此无法保证结果的准确性，如建造激光器的例子。二是他认为成功的实验涉及太多技巧和意会知识，从而无法保证重复实验的实施过程是对于原实验的准确复制，因此也不能对结果构成检验。拉德认为第一类批评可以追溯到更宽泛的"认识者回归"，即对所有领域的认识方法都可以提出类似的质疑，是一种普遍存在的解释学循环，而并非实验研究方法特有的问题。但是拉德认同第二类批评，因此也承认了实验者回归是一种无法消解、只能减轻的负面效应。拉德试图用科学知识的稳定程序来减轻实验者回归对于科学知识客观性和普遍性的动摇。他的核心观点是，科学家会通过建立标准化程序来消除最初实验结果对于特定实验过程的依赖，例如：法拉第(Michael Faraday)通过制作缩小版本的标准实验仪器让其他人也可以成功获得实验现象，这样就消除了对于实验者技巧的依赖；阿伏伽德罗常数在历史上的不断测定使用了来自不同理论背景的实验方案，从而消除了对于特定实验设计的依赖。借助标准化程序，实验结果作为一种知识完成了去地方化，这是实验科学自身能够趋于稳定的基础。

虽然拉德的回应没能反驳实验者回归，但是他确认了重复实验的实践领域，提出了实验结果的一种稳定机制，一定程度上增强了我们对于科学知识客观性和稳定性的信心。但是笔者认为，拉德的分析仍有两方面的缺憾。首先，他对于实验的分类仍然基于理论-实验二分的视角，还可以进一步补充实验的其他实践特点作为分类特征，丰富重复实验的实践类型。其次，使用标准化程序并不是科学家扩展实验结果的唯一手段。有时标准化程序甚至是有害的——在某些情况下它会降低实验的可重复性（Paylor，2009）。不过，拉德的分析进路提示我们，重复实验在知识的发现与辩护过程中起到了很大的作用。此外，匹兹堡大学的诺顿（John D. Norton）从科学史案例出发，否定了可重复原则是科学共同体所承认的实验评价标准（Norton，2015）。

上述文献体现了可重复性早期作为验证研究结果可靠性的黄金准则被建立，中期受到 STS 视角的极大质疑，最后呈现为一种有缺陷的规范和一个描述性概念：哲学家的确可以找到一些科学史例证说明重复实验存在，却很难说出它对于科学研究发展的更多意义。《改变秩序》在开篇提出："将可重复性的简单观念与它的实践成就的复杂性区分开来，是至关重要的。"（柯林斯，2007）[19] 柯林斯从实践的角度，质疑可重复性原则的不合理之处；而拉德同样从实践的角度，强调重复实验在科学知识形成过程中的稳定作用。笔者认为这一矛盾源于二人讨论之对象的差异：柯林斯强调作为规范的可重复性原则，而拉德强调重复实验这种实践活动。因此本书将继续沿着实践的角度，首先区分重复实验活动、作为一种实验特征的可重复性，以及作为规范的可重复原则，对这三者的概念差别加以说明。其次，重点考察可重复性作为实验的一种基本性质，讨论实验结果的复制成功和失败的原因，以及不同类型复制之间的差别，从而更好地说明实验结果是如何在实验和知识的综合网络中流动与固定的。

对可重复性的研究不仅能够增进对实验的哲学理解，更有助于回应科学争论的现实问题。随着统计调查和抽样重复检验越来越普遍，实验的可重复性成为近年来最引人注目的科学争议事件。2015 年，数百位学者对心理学顶尖期刊上发表的 100 篇文章进行了重复实验（Open Science

Collaboration,2015)。在这97篇原结论为显著性结果的文章中,只有36篇可以重复。2016年,《自然》对1576位科研工作者进行问卷调研,其结果显示90%的受访者承认存在一定程度的可重复性问题,仅有3%认为不存在危机。从学科分布来看,社会科学和生物医学领域的问题程度较为严重(Baker,2016)。在这一背景下,这些领域中开始出现大规模开放式的重复实验研究组织,并对现有文献进行了更全面的重复检验工作(Barnett-Cowan,2012)。对科学家的访谈表明,科学共同体内部于实验方法的设计原则、证明结果可靠性的方法论、是否以及该在什么程度上进行重复实验都还存在观点的极大分歧(Ritchie,2012)。因此本书将从这些争论中考察当前科学实验研究的真实细节,重新思考可重复概念在实验设计和实施中的意义。

除了实验实施过程,不少研究开始从实验数据处理环节中使用统计学工具的合理性入手分析可重复性问题。随着统计数据处理分析软件的普及和“傻瓜”化(将产品的功能和技术设计尽量简单化),以及跨学科的“大数据”热潮,各个领域的研究者可以更多地在研究中使用定量方法。不少科研文献只涉及数据的获取、拟合以及假说检验,本身往往并不关注统计分析工具自身的理论预设和性质。这一问题在流行病学和经济学中较为突出。从p值检验(Walsh,2014; Nuzzo,2014; Benjamin & Berger,2018)到回归分析(Deaton,2009),其严格数学形式中蕴含的复杂假设在实际使用情景中通常是被忽略的(Stahel,2016),甚至遭到误解(Dickson & Baird,2011)。这一方面通过提高研究结果的假阳性比例加剧了可重复性问题(Crane,2017; Williams,2019),另一方面则使得实证研究无法整合为一个具有完备数学结构的综合性理论。

国内已有学者在呼吁对日渐流行的社会科学实验进行重复检验(吴建南,2018)。在生态学领域,肖显静对三个具有可重复性含义的近似英语词汇(replicate,reproduce,repeat)进行了科学实践语境下细致的词义区分(肖显静,2018c),分析了实验报告中细节的不完善和学术不端行为如何导致生态学实验重复困难(肖显静,2018a),并讨论了可重复原则为何不适用于生态学实验领域(肖显静,2018b)。在科学哲学领域,何华青和吴彤比较了新实验主义与科学知识社会学对待可重复性问题的观点(何华青,吴彤,2008),林祥磊分析了生态学实验中较为特殊的实验内部伪重复问题(林祥磊,2016)。在科研规范和科技政策领域,王阳和肖昆介绍了预注册制度预防可重复危机的机制(王阳,肖昆,2020; 2021),周红霞评述了导致可重复危机的制度性原因并介绍了现有的一些解决思路(周红霞,2021)。以上研究或是针对性地讨论了特定学科中实验的可重复性问题,或是侧重于对重复危机的治理与预防。本书试图在这些现有理解的基础上,将科学实验的可重复性拆分为重复实验活动、作为一种实验特征的可重复性,以及作为规范的可重复原则三个不同概念,进而给出对可重复问题的一个较为全面的说明。

3. 实验的特征之可操控性

干预和控制是构成实验的核心要素。一般地,在它们之前还需要加上“人为”的前缀,以表明实验是有目的的、受人的行为能力制约的。实验不仅是观察,更是介入、干预和操控;如弗朗西斯·培根教导我们要“拧狮子尾巴”(哈金,2010)[121]。在这一传统理解框架下,生态学、流行病学、经济学、政治学、历史学等领域中使用的自然实验方法便有些格格不入,因其通常被描述为利用“不在研究者控制之下发生的事件”进行的实验研究(Craig et al.,2012)。这使得自然实验看似缺少了干预和控制,因而其作为实验的方法论和认识论地位值得怀疑。

干预主义因果理论的发展为理解自然实验方法提供了新的框架。探寻因果关系是科学研究的中心主题。理想的科学定律支持反事实条件句,而构造反事实条件一般需要设想一种经由该因果关系的操作。受控实验正是科学家得以实施和检验该操作的方法,并由此确定一组相关因素之间的因果结构。早期基于干预和操控概念的因果观被称为“因果作用的能动性(agency)理论”(von Wright,1971; Menzies & Price,1993)。该理论将因果关系定义为“对于某个自由能动者(agent),使事件 A 发生是使事件 B 发生的有效手段,那么 A 就是 B 的原因。”伍德沃德去除了这一具有人类中心主义特色的“能动者”概念,并且放弃了将因果性还原为某种非因果说明的目标,从而希望刻画一种更符合科学因果观念、有助于理解科学实践的有限的因果论(Woodward,2003)。伍德沃德将干预定义为一个适当取值的外生性变量 I,I 可以决定变量 X 的取值。若在此情形下,与 X 相关的变量 Y 的取值也随之发生改变,就称 X 是 Y 的原因。干预过程 IV、干预变量 I、待考察的相关变量 X 和 Y 之间可以用方程的形式进行定义(Woodward,2005)。

非人的干预何以可能被用于研究因果推理?伍德沃德以自然实验这一“在哲学上被忽视的范畴”为实例说明人类能动者的参与并非构成干预的必

要条件。自然实验与人为实验在干预的意义上包含了同样的实验设计基本原则，因而有助于展现干预和因果之间的联系（Woodward，2003）[94]。更进一步，自然实验所涉及的干预往往超出了人类干预的能力范围，极大拓展了研究对象的范围。

在因果论研究领域，国内学界对干预主义因果观已有一些讨论，但是涉及实验或是结合自然实验理解的讨论相对较少。徐竹（2011）讨论了使用干预主义因果论解释社会科学定律时较实证主义传统的优点。初维峰（2016）说明了干预主义因果论的不适用情形，并提出其应与因果多元主义相融合。董心（2019）强调了伍德沃德对因果关系的量化处理。李珍（2020）讨论了干预主义因果论在解决心理因果性方面遇到的困难。

不少人将自然实验称为伪实验（pseudo-experiment）、准实验（quasi-experiment）（Meyer，1995；Shadish et al.，2001；Sims，2010；Clark & Shadish，2012），就是为了将其与真正的实验进行区分。也有人认为自然实验是对自然现象的单纯观察（Currie，2018）。本书认为，在干预主义因果框架下，自然实验具备了干预特征，同时也包含了有效的对照，因而符合前文给出的广义实验范畴。相关的国际研究方兴未艾，国内研究亦尚不多见。基于此，第 3 章进一步梳理和评析了对自然实验的现有定义（Diamond et al.，2010；Craig et al.，2012；Dunning，2012），并给出自己的评述和观点。

1.3　研究方法

本书是对两类特殊实验方法和科学实验哲学的跨学科研究，包含了对于实验发展过程的历史考察，对各个实验方法中涉及的科学概念进行逻辑分析，并借助实际案例进行更加充分的阐释和说明，回应当前的科学争论问题。因此主要涉及的研究方法为：文献调研、案例研究、比较分析和哲学论证。

在文献调研方面，为了使得跨学科研究更加深入，本书较为广泛地进行了文献收集和阅读。在哲学领域，涉及一般科学哲学和科学实验哲学的经典理论、具体哲学问题的逻辑分析和案例研究、科学方法论问题的论辩和回应。第一类以专著居多，后两者以论文集、期刊论文为主。在实验方法论领域，涉及了经典理论、实验研究方法教学文献、实证研究、科学方法论问题的论辩和回应。前两者多为专著，后两者主要是期刊和会议论文。在科学史领域，涉及了学科史、思想史和实验史等二手文献。

在案例研究方面,本书考察了经典案例、争议案例和同主题系列研究案例。经典案例作为学科范式的一部分,有较多包含评述和改进的二手文献可供参考和加深理解,用以呈现某类实验方法的典型设计思路、推理过程和突出问题。争议案例用以凸显方法论争辩的焦点问题,能够集中呈现科学家最为关心的实验要素和性质,通常也能够体现出该问题所处的理论和学科发展背景。同主题系列研究案例指同一研究问题下的不同实证研究案例,即在控制了背景知识和研究对象相同的情况下,对比不同研究方法的优劣以及各方的论证策略。

比较分析既包括了上述同主题系列研究案例比较,也包括在更抽象的层面基于实验性质对不同实验方法的比较,此外还对尚未取得学界共识的自然实验定义进行了比较。比较分析一方面需要呈现各方的论证逻辑、证据和观点,另一方面有助于本书定位自己的结论。

哲学论证首先需要对科学实验中涉及的概念进行数学和理论层面上的准确阐释,然后将科学实证研究的话语体系和哲学理论术语之间建立合理的对应联系,澄清概念之间的逻辑关系和适用范围。最后将负载了科学实践含义的哲学概念和命题进行准确的呈现,或是说明其中尚不能进行良好对应的问题及其原因。

1.4　本书结构安排

第 1 章,绪论。本章简要梳理了随机对照实验和自然实验兴起与发展的历史,并介绍了相关争论问题的科学和哲学背景,界定了"实验"以及两类具体实验类型在文中所指的具体范畴。接下来,从科学实验哲学、特殊类型实验、实验的特征三个方面进行了国内外研究文献综述,概况了现有研究的进展与有待发掘的问题,定位了本书所处的学术脉络。最后阐述本书的主要内容、研究意义、研究方法和创新点。

第 2 章,实验的可重复性。从本章开始逐一讨论实验的基本性质与特定类型实验。本章首先从科学史的视角介绍了科学实践中三种不同层面的重复,即:作为实践活动的重复实验、作为实验性质的可重复性与作为科研规范的可重复原则。接下来从哲学的视角和借助具体科学案例分别论述三种重复概念的具体含义。以概念澄清为基础,本章试图分析和回应目前科学界不断上演的可重复危机问题,并说明现有解决方案的合理性。

第 3 章，实验的可操控性。本章首先介绍了一种基于可操控性的因果理论，并评述其优势和目前受到的批评。接下来着重说明操控主义因果理论的方法论特征，及它在理解实验和构建科学实验哲学中的意义。这一理论和潜在结果的因果推理框架一同构成了后续讨论的两种实验方法的理论基础。此外，本章构想了一种以可操控性为维度的实验方法分类谱系。

第 4 章，随机对照实验。在梳理随机对照实验因果推理框架、设计思路与核心难题之后，本章讨论了运用随机对照实验进行因果推理的局限，包括：外部有效性缺乏、随机化的实践和伦理难题、可重复性较低。借助维生素 C 癌症疗法的案例，通过历史回顾和发展追踪，本章指出：以随机对照实验作为黄金标准来评价其他研究方法的结果是不适当的，同时强调了因果机制证据在目前的证据等级体系中的缺失。最后，本章尝试从随机化这一操作深入讨论实验设计中的隐含逻辑，揭示出随机化检验作为实验中重要的一个环节，起到了平衡机会均等和结果均等两个分组原则的冲突，并说明实验者的最终目的是实现干预组和对照组之间的结果均等。这一讨论旨在反驳“随机化能够直接消除选择偏误”的常见论点。

第 5 章，自然实验。基于自然实验目前缺少统一定义的现状，本章先对现有的三种常见定义（描述法、比较法、模仿随机化）进行介绍和评述，分析其各自的内在逻辑与适用性。本章集中批评了定义三“随机化分组”的问题，并基于操控主义因果理论对定义二“比较法”进行肯定，并进一步加以说明该定义的使用能够带来哪些好处。最后，结合第 4 章对于随机化的讨论，本章继而试图论证：随机化和匹配作为共享均匀分组为目的的分组策略，其基本逻辑没有本质上的差别。评价实验设计的优劣不应以“是否包含了随机化”作为标准，而是应该关注分组结果是否均匀。因此，匹配应该被接纳为一种合理的分组策略。

第 6 章，结论和展望。在第 2 章至第 5 章建立了对两类实验方法基本性质和基本方法的说明之后，本章希望在对比之余，进一步提炼出实验辩护的一般逻辑。经过对全文的总结，本章提出该辩护策略主要包含三个步骤：建立因果推理框架，设法获得均匀的分组样本，以及围绕该实验设计和结论优缺点的取舍分析。本章再次重申：实验类型和实验设计是动态的、语境依赖的，其合理性需要通过适当的辩护策略进行呈现。文末对研究中存在的不足之处进行了总结，并提出了进一步研究的展望。

全书各章之间的逻辑关系如图 1.5 所示。

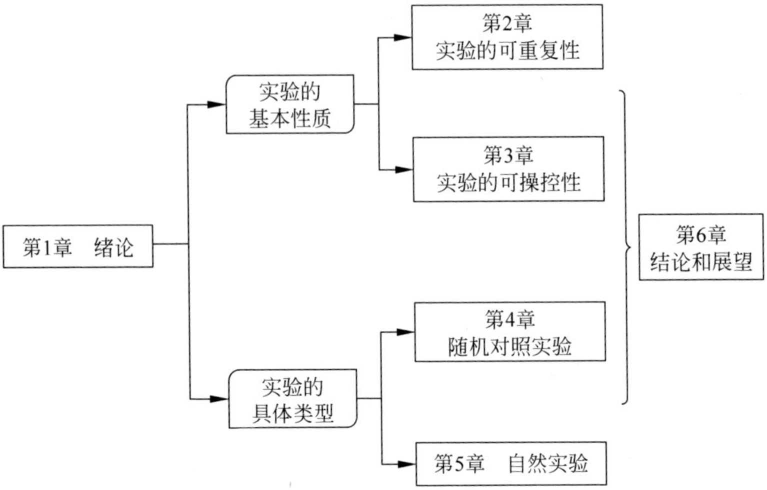

图 1.5　研究思路和论文整体框架

第 2 章　实验的可重复性

2.1　区分三种重复——历史演进

可重复性的相关议题涉及多个层面，在许多讨论中经常被混用。笔者首先希望区分三个不同意义上的“重复”概念：重复实验，实验的可重复性，以及可重复原则。重复实验属于一类实验活动；可重复性是用于评价实验的一个特征或指标；可重复原则是约束科学家行为的社会规范。回顾关于实验的历史可以看到：“重复”最初呈现为研究中的直觉性检验活动，继而在实验科学逐渐兴起的 17 世纪成为实验哲学和方法论中的一个重要议题，最终形成了我们所熟知的现代科学研究中的规范性原则。

1. 重复实验作为科学家研究中的直觉性活动

为了确保科学事实并非偶然或巧合，进行重复实验来确认事实是一种简单直观的方法。这一做法可以追溯到 11 世纪的阿拉伯物理学家阿尔哈增（Ibn-al-Haytham，欧洲学界后称其为 Alhazen）。在其著作《光学宝鉴》（*Book on Optics*）中，作者声明“在各种情形下检查这些事件都是一致的，不存在变化。”（Steinle，2016）伽利略同样在《关于两门新科学的对话》中声明自己进行了数百次斜面小球实验的测量（Dear，2001）。不过，这类表述仅仅是为了说服读者该实验现象是普遍存在的，并不会附加上对于实验仪器和操作的具体描述、详细的实验数据记录等。

随着实验规模的扩大和操作流程复杂程度的提升，今天的重复实验并不只是“重新做一遍”那么简单。例如，在生态学研究中存在“真重复”（True replication）和“准重复”（Quasi-replication），前者可以进一步分为对实验过程进行重复操作和仅对统计测试进行重复，后者则通过改变物种等方式实现对于实验假说的重复检验（Kelly，2006）。

2. 实验的可重复性作为实验哲学中的一个议题

培根科学运动提升了实验活动在科学研究中的认知意义，这集中体现在电磁学、化学、生命科学领域（库恩，2004）[42]。此后，重复实验被赋予了“排除未知干扰因素”的作用。玻意耳在其“实验的哲学”中进一步将不可重复的实验直接视作失败的研究（Steinle，2016）[44]。最早在医学研究中提倡实验方法的贝尔纳（Claude Bernard）改进了这一说法，他相信：完全同样的实验流程一定会产生相同的结果，因此对于不能重复的情形，研究者应该能够由此反推出实验条件中存在的变化，并找出这些新的影响因素（贝尔纳，1996）[59]。“可以被重复的程度”由此成为一种用以评价和描述实验性质的指标。

17 世纪之后，对实验进行辩护的策略从事后（*ex post*）单纯的“重新做”向更详细、复杂的事前（*ex ante*）说明发展，如：在文章中说明实验过程的细节、配置仪器图解、寄送样本或仪器、公开演示实验，等等。对于科学家来说，选择哪种策略来满足实验的可重复性不仅限于研究问题自身，而是与一系列语境条件有关。例如：实验涉及的仪器和技术；实验命题与同时期理论之间的关系；研究者在共同体中的地位和信誉；重复实验所需要的时间、资金成本等（Steinle，2016）。

3. 现代科学研究中的规范性原则

随着科学事业规模的发展，实验者不仅需要说服自己，更需要得到同行的承认。为了使研究结果尽快得到广泛认可，研究者需要做出事先的努力，而不是被动等待他人的重复。法拉第通过进行详尽的实验过程描述、插图和仪器的细节说明、制作缩小版展示仪器样品等方式，促使其研究结果很快被广泛接受。凭借着类似的努力，奥斯特（Hans Ørsted）实验的成功重复打消了起初由于其德国浪漫主义背景而受到的怀疑（Steinle，2016）。除此之外，一些早期学术团体把对实验进行重复性检验纳为研究纲领，如佛罗伦萨的实验学会（Accademia del Cimento）和英国皇家学会。前者以“反复尝试”（Provando e riprovando，英文译为“Trying and trying again”，Boschiero，2007）为座右铭；后者每当收到新的研究报告时，就要先组织重复实验的活动以确认该研究是否值得进一步讨论。胡克（Robert Hooke）就曾担任这一工作（Shapin，1998）。

由于很难直接检验实验结论的正确性，也无法监视研究流程是否诚实，实验的重复性因此被纳为科学共同体的规范性原则之一。随着科学文献发表数量的巨幅增长，科学家们往往无暇通过实际的重复来检验他人的研究结果。不过我们常常能在其他场景中看到可重复原则的身影：科学伦理教育；基于某一工作的扩展研究；科学争议问题，等等。而在现代科学的重复议题讨论中，科学争议问题占主要的比例。相关案例的论述更多侧重于共同体内部的优先权争论、社会语境的依赖，以及商业利益对研究的影响。作为共同体规范的可重复原则在这些论证中与越来越多的社会性因素建立了联系，而少有关注实验方法与操作，从而远离了实验活动本身。接下来本章希望说明重复实验和实验可重复性在研究过程之中展现出的认识论特点，并提出一种对于可重复规范性原则的批评。

2.2 作为实践活动的重复实验

2.2.1 重复实验的认知意义

前文介绍了早期科学中作为简单检验活动的重复实验。在今天的研究中，重复实验还可以作为一类启发性的研究设计方案。拉德指出，实验结果具有“无尽开放性”(open-endness)。这是指从物质实现的角度来看，实验结果无需依赖特定的理论解释就可以在其他领域发挥作用，因此一个具体的结果可以承载多种理论含义，融入不同领域的研究范式(拉德，2015)[136]。这一“融入”或者说扩散的过程可以通过重复实验的策略来实现。

按照哈金的观点，重复实验的意义在于产出更加稳定、干扰更少的现象(哈金，2010)[184]。因此更值得注意的是实验者如何通过重复去实现现象的稳定和改造。笔者认为，除了拉德已经讨论的理论层面的复制，实验结果的“无尽开放性”还能以三种方式呈现，即：物质、性质与功能层面的复制。

物质的复制。实验所实现的物质操作为实验实在论提供了坚实基础(哈金，2010)，这一经验现象层次的客观性是无法动摇的。此外，实验中获得新物质或仪器可以运用在看上去毫不相干的领域。虽然柯林斯指出科学家无法对一个激光器是否成功运作给出一个理论化的标准(柯林斯，2007，详见 2.3 节)[64]，但是我们仍然可以测试一束由它产生的激光是否能够用于金属切割或是细胞灭活。

性质的复制。某些实验结果不那么依赖于特定物质，也不依赖于特定的理论解释，而是表现出性质上的稳定性。例如机制尚不明确、见于多种材料的超导现象。科学家完全可以将任何一种便于使用的超导体作为模块嵌入实验设计之中，从而应用其电阻为零的物理性质，而无需考虑相应的理论解释。

功能的复制。相比更具有普遍性的性质，“功能”一词更强调现象的特异性，且相应的机制往往并不明确、难以进行还原式的解释。在分子生物学中，离子通道蛋白是一类重要的研究对象，它能够选择性地让特定种类的离子通过细胞膜。这一现象的机制仍不清楚，但有人猜想是由于蛋白质的局部化学结构影响了环境中特定离子的水合程度，从而造成了特异性现象。对此，有研究者发现，脱氧核糖核酸分子链（即分离提取出的 DNA）同样能够提供类似的局部化学结构，那它是否也能特异性地使离子通过呢？实验表明这一类似的功能是可以实现的（Langecker，2013）。溶液体系中，磷脂膜上附着的 DNA 分子可以导通钾离子溶液，实现离子的定向移动。虽然关于这一实验现象的适用物质范围与理论解释都不明确，但是类比式的重复性尝试成功复制了一种具体的功能，从而拓展了相应理论假说的适用范围。

实验方案的设计通常并非从问题到现象再到分析和结论的线性过程，科学家需要采取技巧和策略。以上讨论的物质、性质和功能的复制可以看作基于类比思想的实验策略。以上分析同时说明：如果不把可重复性仅仅视为一种规范性要求，而是更进一步考察作为实践的重复实验是如何努力实现实验结果的复制的，以及不同类型复制之间的差别，我们就能更好地说明实验结果是如何在实验和知识的综合网络中流动与固定的。

2.2.2 重复实验的实践类型

二十世纪八十年代在科学哲学中兴起的新实验主义将传统上理论优位的研究视角转向了具有生命力的实验活动。实验不再被简单地视作一件用于验证理论的经验工具，而是具有丰富的实践形式和认知意义。基于此立场，我们可以将重复实验按照应用目的分为两大类：检验经验现象存在性的重复实验，以及扩充实验结果稳健性（robustness）的重复实验。

存在性检验需要确认现象是稳定的而非偶然，并确认实验流程和参数设置是否准确或冗余。研究者应当对自己的研究进行存在性检验。一旦获得了初步的现象，就应该进行若干次重复实验来确定现象能够稳定发生。在排除了偶然性之后，仍需要检查是否有实验设计中包含了未被注意到的能导致现象发生的因素，这会造成极大的系统性偏差。例如，在一项用荧光蛋白检测细胞活性的实验中，事后发现用于调控细胞活性的复合物本身就可以产生荧光（Baell & Walters，2014）。这样一来，若其他研究者未使用该复合物，那么这一实验就可能变得无法重复。因此流程检验需要小范围地改换常用的实验设计和条件，以免陷入“标准化谬论”——越严格的实验条件控制，越得不到可重复的实验现象。

稳健性扩充意即寻求足以提供多重决定性（multiple determination）的经验证据。在这一目的下，研究者必须要在实验设计中引入较大程度的参数变化，从而进一步扩大现象和结论成立的范围。例如生命科学研究中，常见的做法是改换不同性状、物种的实验动物，使用不同类型的表征仪器（如不同原理的显微镜和谱仪），等等。由于生物及其分子特征的多样性，利用不同实验对象和仪器进行逐一检验通常是扩大结论稳健性的必然要求。

下面介绍能够实现这两种不同目标的具体实验设计类型。

首先是实现存在性检验的微重复实验与大规模重复试验。在一般的实验流程中，通常需要设置严格的实验控制，该控制所需的相关参数设定和实验材料选择则需要参考前人研究提供的背景知识。研究者在使用这些背景知识时并不会不假思索地直接应用，而是通过在核心实验干预之前实施的空白控制实验进行局部的“微重复”（micro replication），从而获得用于排除干扰的数据本底值。例如，在体外蛋白质结合测定（*in vitro* binding assay）实验中，考虑到蛋白质的性质对于实验环境（离子浓度、pH 等）十分敏感，必须在进行结合测定前进行对溶液体系的假阳性控制检验以及对信号肽标记的假阴性控制检验。这两类检验构成了对所有背景知识的重复实验检测。在上述荧光蛋白研究中，就应当对加入了活性调控物质但未加入细胞的溶液体系进行微重复式的检验实验；使用该设计可以避免核心实验部分出现假阳性结果。

微重复实验本身作为设置和检验实验控制条件的一部分，普遍存在于一般的实验研究中。与通常对于重复实验的理解不同，微重复并非对于前人研究的完整重复，但是它在新的研究和原先研究之间建立了可重复性意义上的关联，构成了有效的局部存在性检验。这种重复关系可以在引文网络中体现出来。不过，从科研文献的写作方式来看，研究者即便使用了微重复，但会避免汇报在实践中遭遇重复失败的情形，只与重复成功的前人研究建立引文联系。因此微重复实验通常不具备甄别和标记不可重复文献的功能，也不能对失败原因进行进一步解释说明。

大规模重复实验能够对特定领域中的可靠研究结果进行存在性检验，

同时也会关注和报告重复失败的情形，从而填补了微重复实验缺少的功能。已经有不少国际性组织正在进行对学科领域中已发表文献的可重复性检验。如弗吉尼亚大学心理学教授、2015年《自然》期刊十大年度人物之一诺赛克（Brian A. Nosek）等人建立的开放科学合作组织（Open Science Collaboration），在2012年完成了对数百项已发表心理学实验的重复实验，其结果表明61%的研究未能成功重复（Nosek et al.，2012）。由于该项目中要求重复实验研究组在进行前和完成后与原作者保持沟通，因此有助于防止因实验操作不完善导致的重复失败，也能够进一步通过合作来检查重复失败的具体原因，整体上有益于改善相关领域中研究的可靠性。此外，大规模重复实验有助于通过学术共同体合作来降低重复实验的成本，并且避免研究者由于期刊发表偏好和激励制度的阻碍而不参与重复实验，长远看来有助于降低不可重复文献存在的比例，并且及时发现学术造假问题。

其次是实现稳健性检验的概念重复和数据重复两种实验设计。概念重复（conceptual replication）常见于心理学、生态学领域，指以刻意改变实验中核心变量取值为前提，试图重现先前研究中的变量关系，即：研究的大理论假说相同，“小”（局部）假说相似但不一致。如在具身认知心理学实验中，同类研究的整体目的是探求身体感知能否影响认知，故采用物体的粗糙程度还是坚硬程度就可以构成一组概念重复实验中自变量的不同取值（陈巍，2014）。概念重复实验通过改变变量的取值类型，使得实验结论在更普遍的情形中成立，提高了研究结果的稳健性。不过也有一些学者质疑概念重复实验的可证伪性不足：他们担心只有成功的概念重复会被用来支持原始结论，而失败概念重复则不被视为一种对原实验的严格复现，因此无法构成有效力的证伪。虽然如此，成功的概念重复仍然是具有认识意义的。

一些特殊的大尺度实验研究中，原始实验数据无法进行重复测量，此时可以使用数据重复来验证研究结论的稳健性。例如，在对气候变化的研究中，我们希望了解地球表面的温度在过去60年中是否真的上升了。但是只有少数几个进行了长期有效观测的研究机构（如东安格利亚大学气候研究中心（The Climatic Research Unit of The University of East Anglia）、英国气象局哈德莱中心（Met Office Hadley Centre for Climate Change））提供的原始数据可用，且该数据不可能重新获取。为了进行重复检验，美国国家航空航天局/纽约戈达德空间研究所（NASA/Goddard Institute for Space Studies in New York）、美国国家海洋和大气管理局国家气候数据中心（National Oceanic and Atmospheric Administration's National Climatic

Data Center)等不同研究小组分别独立地对原始数据进行了不同方式的处理,如采用不同的拟合方法、划定不同区域计算平均值等,最终验证了该结论的稳健性。数据重复能够充分的利用此类珍贵的实验资源,确保实验结果通过稳健性检验,以及矫正数据测量中的问题。但是显然此类研究无法进行严格意义上的重复实验,因此还需要考虑其结论与其他来源证据能否构成一致的科学说明。

以上讨论的四种重复实验方法能够实现存在性或稳健性检验的不同目的,同时也有各自的适用场景和缺陷之处。从米切尔(Sandra Mitchell)、卡特赖特等科学哲学家所提倡的方法论多元主义视角来看,不应在实验设计上追求方法论的黄金标准,而是应该根据具体研究的目的、对象、背景知识等多种因素来评估、改进和发明适用性更高的实验方法。

值得注意的是,此处介绍的重复实验均来自实际的科研案例,但它们并非传统意义上对某项研究的完整复现,而是可以内嵌在一般实验设计中的重复。这也回答了文章开头的问题:为什么科学家看起来不会做传统意义上的重复实验?在理解可重复性时,我们可以不将重复实验看作是附加在常规科研之外的实践活动,而是考察其如何融入实验设计思路之中。深入理解前沿科学研究中的实验设计策略,可以缓解对科学事业整体上存在可重复危机的担忧。

2.3　实验的可重复性质与实验对象的本体论特征

2.3.1　再议实验者回归

关于实验可重复性质的重要辩论始于科学社会学代表学者柯林斯。在《改变秩序》一书中,柯林斯指出可重复性这一常识性的科学概念、科学系统的最高法庭,面临着与归纳问题一样多的哲学和社会学难题(柯林斯,2007)[19]。一个突出的例证是他称为"实验者回归"的实验研究中的循环,(柯林斯,2007)[71]。拉德将其简化为以下的表述(Radder,1992),即:

(1) 若 q 是一个有争议的实验结果,我们需要用可重复性来确证 q 的真实性。那么我们将要面对以下循环。

(2) q 的真实性取决于测定程序的有效性;测定程序的有效性取决于它能得到的实验结果 q 的真实性。

换句话说,循环始于对争议性实验结果的判断。科学家需要一个可靠的测定程序来证明该实验结果是否真实，而该程序（通常是全新发明）的可靠性反过来需要通过其所呈现的争议性结果来确认。柯林斯通过建造TEA激光器①和探测引力波的实验室调研力图表明，测定程序的有效性并不能通过理论本身来取得共识，因此可重复性也就不能用来检验实验结果的真实性。在逻辑分析之外，柯林斯还通过案例和访谈说明：研究者实际上很少进行对他人研究结果的重复实验，“除非他们可以因为进行了重复实验而获得任何荣誉……（通过重复实验的）确证，只有在促进了技术上的进步或提出了新的方法才会有价值。”（柯林斯，2007）[19] 在实践中，实验者回归的终止，并非通过使用清晰普适的判断标准，而是基于学习相关实验技巧以及融入实验共同体的文化。因此在柯林斯看来，实验的经验研究所勾勒出的科学活动不过是一种社会实践的松散集合。

拉德集中回应了柯林斯的批评（Radder，1992）。拉德首先根据重复实验具体重复的内容和实施者的不同类型对重复实验的种类进行了细分，如表2.1所示。其中，标注为1、5、8、9、12的单元可能找不到对应情况，而其余的单元都可以找到对应的科学史案例。因此拉德成功反驳了不存在重复实验活动的论断。

表 2.1 可重复性的对象与范围

什么的可重复性？/谁来实施？	物质实现	理论解释	实验结果
任意科学家或人类，在任何事件	1	5	9
当代科学家	2	6	10
最初的实验者	3	7	11
外行的实验演示者	4	8	12

Radder，1992[66]，著者译

不过，拉德认为，实验者回归的现象确实存在，并且对于可重复性构成两方面的主要挑战。一是他指出实验者采取的测定程序总是不充分的，因此无法保证结果的准确性，如建造激光器的例子。二是他认为成功的实验涉及太多技巧和意会知识，从而无法保证重复实验的实施过程是对于原实验的准确复制，因此也不能对结果构成检验。拉德认为第一类批评可以类比为到更宽泛的“认识者回归”（knowers’ regress），即对于所有领域的认识

① TEA激光器是Transversly Excited Atmospheric pressure CO_2 Laser的简称，即横向激励大气压二氧化碳激光器。

方法来说，人们总是在摸索中不断调整事物和方法的真实意义的对应关系，因此哲学上始终可以提出类似的质疑。故该层面的回归是一种普遍存在的解释学循环，而并非实验研究方法特有的问题。但是拉德认同第二类批评，承认实验者回归是一种无法消解、只能减轻的负面效应。

拉德试图用科学知识的稳定程序来减轻实验者回归对于科学知识客观性和普遍性的动摇。他的核心观点是，科学家会通过建立标准化程序来消除最初实验结果对于特定实验过程的依赖，例如：法拉第通过制作缩小版本的标准实验仪器让其他人也可以成功重现实验现象，这样就消除了对于实验者技巧的依赖；阿伏伽德罗常数在历史上的不断测定使用了来自不同理论背景的实验方案，从而消除了对于特定实验设计的依赖。借助标准化程序，实验结果作为一种客观知识完成了去地方化，这是实验科学自身能够趋于稳定的基础。

虽然拉德的回应没能完全反驳实验者回归，但是他确认了重复实验涉及的实践领域，提出了实验结果的一种稳定机制，一定程度上增强了我们对于科学知识客观性和稳定性的信心。但是笔者认为，拉德的分析仍有两方面的缺憾。第一，对于实验的分类仍然基于理论/实验二分的视角。如上一节的论述，通过进一步补充实验的其他实践特点作为分类特征，我们能够获得对重复事件更加深刻的认知，也有信心声明它并不会从常规科学研究活动中消失。第二，标准化程序的使用并不是科学家扩展实验结果的唯一手段。有时标准化程序甚至是有害的——在某些情况下它会降低实验的可重复性。不过，拉德的分析进路仍然指明了重复实验在知识的发现与辩护过程中起到的重要作用。

2.3.2　实验对象的本体论差异——人工存在与自然存在

提炼知识需要从特殊到一般，但实验者总是不得不面对难以简化的特殊情形。这在生命现象的研究中尤其常见。贝尔纳意识到了不同实验对象带来的区别。他指出，通过重复实验来寻找影响因素的方法在研究无机物时相对容易，而一旦涉及活的材料时就非常困难了，这使得一部分人甚至反对使用实验方法来研究生物(贝尔纳，1996)[63]。因此，对实验的分析可以尝试通过寻找与实验本身特征相符的概念和分类框架来实现。提出一个经过深思熟虑的完整框架还需要进一步的工作，本书先从实验对象的分类入手，考虑其本体论特征带来的实验可重复性特征差异。

常见的实验对象可以粗略划分为人工存在物与自然存在物。自然存在这一概念来自拉德对贾尼奇（Peter Janich）早期观点的讨论（拉德，2015）[133]：在一项对于湖泊的研究中，湖泊的空间维度、水文数据等表征指标都不能独立于人的活动而存在，那么在什么意义上湖泊可以被称为是一种自然存在物？当研究关注的是一个自然界中存在着的对象或系统时，进行实验和表征前必须按照一定的可操作程序将其转变为一个实验语境下的"自然存在"。由于同类"自然存在"在个体之间存在巨大差异性，并没有统一的标准化程序能够约束所有的实验研究，因而特定研究中的某个"自然存在"必然仍是特异性的，无法构成均匀的样本序列。

相比之下，实验室实验中涉及的往往是受技术标准约束的人工存在，如一束电子、一摩尔（mol）高锰酸钾、大肠杆菌质粒、具备特定遗传特征的小鼠，等等。实验者通常会相当小心地选取适当的物质原料，或是按照统一流程制备样本，以确保其均匀一致。但是，以自然存在为对象的实验研究既不能被标准化程序进行约束，也不能强加以技术性的生成原则。因此在研究涉及较为复杂的系统时，实验对象的特异性无法被忽视，因而以自然存在物为对象的实验的重复性难以保证。

例如，生物医学研究中，实验对象往往是作为自然存在的生命个体。然而，常见实验方案中只考察了模式生物的相关反应，从而淡化了真正希望研究的对象之间存在的个体差异。有时这种差异性被简单地纳入统计误差。一项报道表示，某种常用的非处方抗生素对于0.01%的患者将造成严重后遗症（Marchant，2018）。从统计上看这在研究中是可以接受甚至被忽视的一个异常比例，然而对受到后遗症困扰的几千名患者来说，这次"实验"结果将改变他们的一生。在对自然存在物的实验研究中，为了追求高可重复性而采取简化的转化程序掩盖了实验对象的特异性。因此针对使用模式生物的原实验来说，该研究的结果是可重复性较高的；但是在拓展该结果至一般情形的过程中，其可靠性和可重复性都极有可能存在问题。

2.3.3 人作为实验对象和一种自然存在

实验研究已经成为心理学领域的主流，人的思维意识被纳为其中的实验对象。显然，人属于一种自然存在：即便研究者能够对被试的性格、情感、思维采取一定程度的量化。我们也无法否认这个过程将忽略掉个体间的差异性。

自然存在不同于标准化人工存在物的另一个特征是它始终处于变化之中。有时这种变化相对研究结论而言显得缓慢并且不（统计上的）显著，如湖泊的蓄水量、森林的边界形状。对人而言，同样存在这种变化，并且不仅体现随着成长或遭遇特定事件后发生的、可能被进一步量化的变化。当研究者试图对人的性质、行为等进行描述和分析时，作为研究对象的人能够了解研究结果并且可能从而一定程度上改变自我认识，最终形成新的性质和行为。这被哈金称为循环效应（looping effect，Hacking，1995）。在这一效应以及时间的影响下，曾经的实验结果有可能呈现出不可重复的局面。例如，2018 年《心理科学》（*Psychological Science*）杂志报道了关于延迟满足感的经典研究"棉花糖实验"的重复失败（Watts et al.，2018）。虽然原实验可能存在其他设计上的缺陷，但在实验结论发表的 20 余年之后，延迟满足感作为一种优秀的性格特质已经渗入了公众的认知，使得研究对象的性质发生了变化。

再比如，一项广受争议的超心理学（parapsychology）研究声称，其实验结果表明了唤起人类的预见未来能力的可能性。对于这项惊人发现，心理学家们纷纷表示需要马上检查该研究的可重复性（Ritchie & Wiseman，2012）。原实验者、康奈尔大学的荣休教授拜姆（Daryl J. Bem）对此的回应是：研究者的先验立场——是否相信世界上存在一种超自然的精神力量——将决定贝叶斯分析的结果。在这个案例中可以看到一个极端版本的证实偏见（confirmation bias）——超心理学理论本身暗含了对"实验者效应"的默许：当一个人相信自己具有超自然心理能力时，这种能力就容易发挥出来；而不相信这种力量（或者来自他人的否定的心理力量）将使之无效化。这样一来，任何一次重复结果的成功与否都可以通过研究者或受试对象的立场来进行解释。那么这是否属于波普尔所谓的不具备可证伪性的"伪科学"？实际情况可能并没有这么简单；该实验设计通过采用电脑自动测试评分以及减少实验员与受试者之间的交流，从而刻意规避了实验者效应。拜姆将自己的实验尽可能地设计成了一个易于被别人重复的实验。然而其他学者对此实验重复的结果成败参半的情形使得这一悬案仍然未决。人作为研究对象时，对实验可重复性的影响是难以预估和忽略的。

2.3.4　提高可重复性的实践性策略

总结以上关于实验对象的本体论差异的考查，可以得到两条结论：其一，对于实验本身，以自然存在为研究对象通常导致实验重复性差。其二，人工存在的相关研究因其具有技术和商业潜力而受到更高的重复性要求。但是，人工存在的标准化程序使得重复实验的开展更加容易，因而争论更加容易结束。面对其他研究对象造成的大量存在的重复性问题，多数研究者给出的回应略显无奈："多做重复实验吧！"(Ritchie & Wiseman，2012)如果考虑到两类实验对象实际上对于重复问题有不同的作用方式，研究者就需要选择合适的实践策略来提高研究结果的可靠性，而不仅仅是实施重复。

接下来讨论涉及宏观自然存在的实验可以如何通过调整实验方案设计获得正确命题。自然存在通过两种方式增加重复实验的难度，这体现为实验结论不具有预期中的普遍性，即：实验结论仅对特定样本成立，或实验结论仅在取特定的参数时成立。相应地，有两种策略可以帮助避免以上问题。

其一是通过自然实验来增加样本数。考虑到个体间的差异性，可以扩大选取样本的范围，从而使研究结论在统计层面更加满足正态分布的要求，提高统计结论的准确性。在生命科学和人类科学研究中，实验室实验一般只能采用小规模的样本，或进行对系统的人工模拟，因此其实验结论不能可靠地外推(或者难以进行，如模拟地球的生态圈Ⅱ号)。一种可行的替代方案是自然实验。自然实验是一种侧重于观察的实证研究方法，它利用自然发生的事件或是不因研究者意愿而发生的人工事件中形成的天然实验组和对照组，来研究在实验室人为操控下无法实现或难以实现的实验干预(Diamond，1983)。常见的自然实验有两类，一是借助自然实现无法人为实现的操控，例如自然灾害、政策变动；二是对自然物或事件直接进行观察和测量，而不再使用不完善的人工模拟。

由于不再受限于实验室条件和资源的限制，自然实验允许研究者尽可能多地选取样本并进行统计分析，或是多次进行实验。例如，在对于鸟类产卵数量随地理位置变化的自然实验中，实验者调查了纬度跨度从英国到新西兰的11种雀形目鸟类一窝卵数的种间差异(Evans et al.，2010)。这样大规模取样的操作能够规避限于特定物种的偶然特征，同时也有助于防止学术造假。

其二是避免过度标准化。有时，实验结论仅在取特定环境参数时成立，这被称为生命科学中的"标准化谬论"(Richter，2009)。当研究关注于以组织或系统形式构成的自然存在时，由于系统对于环境参数的高敏感性，研究者为了保证实验结果表面上的可重复，不得不十分严格精确地实施控制。而这种高度标准化程序的设置，使得实验结果实际上只是"局部的真理"(local truth)。对于原实验者来说，使用严格控制的实验方案能够避免说明潜在的冲突实验现象的麻烦，获得自我安慰式的可重复结果。而对于同行，他们希望的是能以别人的可靠实验结果为基础进行进一步研究，因而不会严格执行精确的参数控制，或者说他们期望的是一个可以转移到其他环境中的可重复结果，从而形成了新的重复性争议。这正是“自然存在不具备标准化程序”与“用标准化程序来确保可重复”两种思路的矛盾导致的局面。由于我们的最终目标应是获得正确的知识，在这种情形下应该考虑采用环境异质化的实验设计，例如有目的地使用从不同途径获得的样品、增加实验操作者的数量、改变研究预设中与核心变量无关的环境因素，等等。

2.4　作为学术共同体规范的可重复性

2.4.1　否定：从科学史案例看

基于科学史的证据，一些学者论证了可重复原则并不具有普适的归纳逻辑。对于一项公开发表的实验结果，如果它是正确的，那么它应该能够被重复实现。而在实际情况中，可重复原则往往意味着：如果一项研究的实验结果能够被重复实现，那么它是“正确的”。这里的正确（或说对“实验结果”的接受和验证）可以进一步区分为三类不同程度的情况：①实验现象是否真实存在。真实存在的现象应该是稳定的，不是由人为造假产生的特例；②实验结果是否可信，即其他研究者对于实验结果的接受程度；③实验结论命题是否为真，即实验结果对相应的假说构成的验证和说明是否正确。

施泰因勒（Friedrich Steinle）和诺顿（John D. Norton）讨论了情形②。从广泛的科学史案例来看，可重复性能够增加实验结果的可信程度，但施泰因勒强调了在这些案例中研究者地位与信誉、实验结论与现有理论关系、商业开发潜力等因素同样发挥着作用，因此可重复性原则并不能单一地决定实验结果是否被接受（Steinle，2016）。若设想理想化的可重复原则成立，那么一次成功的重复实验应增加实验结果的可信度，一次失败的重复则使之降低。通过“代祷者”现象获得了一些成功重复却仍然难以被学界接受的例子，以及美国物理学会主席米勒（Dayton Miller）对迈克尔逊-莫雷实验的重复失败的例子，诺顿进而论证了重复实验成功与否与实验结果可信度之间关系是不确定的，具体的解释只能参考相关的背景知识情况（Norton，2015）。虽然我们有理由相信重复实验成功对实验结论被认可的影响存在着从量变到质变的影响；反过来说，的确很难想象一个实验经历了长期且大量的成功重复却始终不被科学界所接受的情形，但是诺顿的批评仍然消解了可重复性作为一种规范的普适性。

在另外两类对实验结果的验证情况中也可以进行类似的说明来表现可重复原则与验证实验结果的多样关联。首先，不可重复的实验不一定能证伪实验现象的真实存在(情况①)。如果实验者偶然地发现了某些现象却不能稳定地获得，这一般被视为是假阳性结果。然而，如贝尔纳所言，在难以进行重复时研究者应该进一步寻找先前未曾注意到的影响因素，这一方向的修正可以带来重要的研究结果(贝尔纳，1996)[59]。例如，1779 年，普利斯特列本人以及其他研究者发现无法重复他在 1771 年发表的植物净化空气供小鼠呼吸的实验。荷兰生理学家英格豪斯(Jan Ingenhousz)同年指出：重复失败的原因在于缺少阳光照射，并由此发现了光合作用(Gest，2000)。

可重复原则并不能保证实验方案的正确性，因而也不能用于说明实验结论为真(情况③)。在一项用荧光蛋白检测细胞活性的实验中，事后有人发现用于调控细胞活性的复合物本身就可以产生荧光。因此该实验具有很高的可重复性——只要加入了处理组所要求的调控物质，那么就一定能检测到代表着细胞活性的荧光效应(Baell，2014)。不难看出，系统误差并不能简单地通过重复实验来排除。

2.4.2　重建：近期议题

虽然哲学家总能找到例子来论证可重复原则与实验结果之间的不确定关系，但我们仍然愿意相信，对于科学研究活动来说，如果获得了正确的知识，那么相应的实验现象和结论都应该是可重复的。因此可重复性最好看作是一个检验研究的必要条件。对于科学家来说，对实验结论真实性的直接检验难以达成，于是他们把信念“寄托”在可重复性这一必要条件上，通过对可重复原则作为科研规范的强调来捍卫共同体对真理的追求。一旦关注到实验实践内部，考查可重复性与实验现象和实验结论之间的具体关联情况，则不难承认其作为一种规范性原则的缺陷。

在这一基础上，已有研究者提出不同方向的改进意见。第一种思路是多进行重复检验。例如，专家呼吁在发表之前，科学家应该尽量多重复自己的研究再进行发表(Ritchie et al.，2012)。考虑到操作上的难题，研究团体和期刊出版社正在建立专门的公开组织进行已发表文献的重复性检验。第二种思路延续了 17 世纪科学家的做法，即增加对于研究所用的仪器和操作的过程描述详细程度；除此之外，还需要说明是否进行预实验、是否选择了能够提供适当信噪比的样本大小、抽样过程是否随机，等等(McNutt，2014)。第三种则是通过统计学评估来修正数据处理方法。例如将显著性水平(p 值)从 0.05 下调至 0.005(Benjamin & Berger,2018),以及选择合理的统计模型(Stahel,2016)。

可重复议题关系到对于科学研究结果可靠性的评价,同时更具有认识论的意义。区分三个层面的重复概念可以使问题的讨论更有针对性。首先,重复实验具有很强的实践意义,可以承载具体的案例研究。上文所讨论的物质、性质与功能三类复制便属于重复实验策略的具体范例。重复实验的多种形式充分说明了其广泛存在于科学研究实践之中。其次,如果以可重复性作为一种评价实验的指标,那么我们可以解释不同类型实验之间的可重复性差异,进而给出有针对性的改进方案,而不是一概而论地要求所有实验研究具有一致的可重复性。最后,对于可重复性原则的批评揭示了原先的规范含义中将科学活动一概而论带来的问题,因此新的努力方向是细化和改善这一原则,从而维护科学事业整体上的可靠性。

第3章　实验的可操控性

实验最突出的特点(或曰要素)之一即是涉及人为的干预和操控①,是一种"拧狮子尾巴"的活动(Hacking,1983)[149]。人们通常认为,正是可操控性这一特征将实验与被动的观察区分开来。在自然科学实验中,不难通过科学仪器和设备来理解操控的含义。那么在随机对照实验和自然实验等非实验室实验中,可操控性的意义是什么?能否依然通过它来指导实验设计?本章旨在从因果推理的角度说明可操控性在实验设计中的重要意义,以及实现可操控性过程中的方法论问题,最后初步讨论不包含人为操控的实验概念何以可能。

3.1　基于可操控性的因果理论

3.1.1　理解因果

时至今日,因果关系在科学研究中的重要性似乎不言而喻。然而19世纪末,在皮尔逊(Karl Pearson)、马赫(Ernst Mach)与罗素(Bertrand Russell)等人的影响下,因果性被视为神秘的形而上学问题而被科学家放在工作的角落,文献中因果关系被代之以"关联""相关"或是"风险因子"(Illari et al.,2011)[3]——统计学将自己的研究视野限制在相关关系,而因果词汇被科学界禁用了半个多世纪(珀尔,麦肯齐,2019)[XIII]。形成该局面的部分原因是休谟1784年对因果性的经典论述与怀疑带来的深远影响:"原因,是先行于、接近于另一个对象的一个对象,并且,任何与前一个对象类似的一切对象,都和与后一个对象类似的那些对象处在类似的先行关系和接

---

① 可操控性(manipulability)和干预主义(interventionism)常常不加区分地用于本章引用的文献中。为了中文文本统一,本书采用"实验的可操控性"和"可操控性因果理论"称谓,但由于文献翻译转述需要也会使用"实验干预""干预变量"等词。在这里,"操控"和"干预"的哲学含义没有显著区别。

近关系中。或者换言之,假如没有前一个对象,那么后一个对象就不可能存在。"与此同时,休谟将因果性视为规则性(regularity)在人类心灵留下的印象,因而认定其讨论应该限定在形而上学层面。但是,科学研究总是致力于发现现象背后隐藏的原因,并且借此描绘出自然的结构。缺乏了原因和因果规律,我们不仅难以进行科学说明,同时也缺少了对现象进行预测的语言和方法。规则性因果理论虽然强调因果性的形而上学特质,但同时也认同自然定律作为因果性的深层次基础。在本书中,我们不试图说明自然定律和因果性之间的关系,只是初步地将自然定律看作成立范围更广、效应强度更大的因果性。

从社会科学来看,因果概念变得更加微妙。一方面,基于个体的角度,我们并不怀疑人的行为和决策由其自由意志决定,而不是按照某种特定的"社会定律"进行机械化的行动。另一方面,在面对社会现象时,人们总会试图构想和推行更为合理的管理方式与政策,并期待这些"干预"作为原因和动力能够导致更好的结果发生。人类的自由行动和社会规律的因果关系似乎同时决定了社会现象的最终结果(Risjord,2014)[208]。社会现象的某些特征是否导致其不适合用科学定律来描述?人类社会互动的复杂性、环境敏感性或不可预测性是否限制了广义概括的可能性?这是否意味着我们对社会规律的认识必须具有与自然科学知识不同的性质?里斯乔德进一步提出,如果可以抛开自然定律来理解因果性,那么社会科学理论的构建亦不必以定律为核心目标。这说明,在研究相对复杂的社会现象时,因果关系是科学进行认识的主要目标;至于是否能进一步达到更加普适和显著的社会自然定律,仍然是一个在争论之中的问题。

反之,加利福尼亚大学洛杉矶分校的计算机科学家珀尔(Judea Pearl)认为,可直接观察和感受到的统计相关性等表层的"规律"只是对因果关系最初步的认识(珀尔,麦肯齐,2019)[9]。虽然,延续赖欣巴哈(Hans Reichenbach)和萨普斯(Patrick Suppes)的思想,哲学家们转而通过概率来刻画因果关系:如果 X 提高了 Y 的概率,那么我们就说 X 导致了 Y。但是这样的表述无法排除共因的影响:若 Z 是 X 和 Y 的共同原因,那么 Z 可以同时提高 X 和 Y 的概率,从而造成错误的判断。如何消除混杂因素(confounder)Z 始终困扰着因果理论的发展。珀尔认为,统计学界的"因果性禁令"以及在其影响下通过概率去刻画因果性的哲学尝试正是造成人们分析和挖掘数据时在相关性层面止步不前的原因。事实上,确实有一些社会科学家对因果关系抱有戒心,只将自己的研究约束在相关关系的范围之内(King et al.,1994)[75]。此时,采纳实验科学方法所具备的操控和干预特征,能够使得我们对因果关系的研究走上第二级台阶,即:当进行某种干预时,我们能够确信某一结果的出现。如果想要再进一步,对因果关系的透彻把握体现为反事实命题,也就是说我们能够想象并回答尚未发生的干预引起的准确结果,例如,"如果不服用阿司匹林,那么我的头痛就不会被缓解"。

深入地理解因果关系,要求科学家能够通过(即便是假想的)干预来引发现实世界中的某些结果。珀尔的因果推理理论中似乎缺少了对因果性的确切哲学定义,这是因为他希望实现的目标并非在形而上学的角度讨论因果性,而是专注于科学实践的认识论和方法论,并且坚信因果是在现实世界中实在的;正如"欧氏几何并不给出点和线的定义……然而我们可以回答任何关于点和线的问题。"(珀尔,麦肯齐,2019)[26] 对形而上学问题的回避已经成为近期操控主义因果理论研究者的共识。

一旦将干预活动纳入考量就不难发现,概率只是"对静态世界的信念进行编码",而因果推理更需要回答:"当世界被改变时,无论改变是通过干预还是通过想象实现的,概率是否会发生改变以及如何改变"(珀尔,麦肯齐,2019)[29]。因此,因果关系不能只建立在对已有事实和数据的统计分析基础上。基于类似的立场,本章接下来介绍伍德沃德的操控主义因果论——作为哲学文本,我们还是有必要对因果概念给出一个大致合理的定义。因此,不同于传统上基于自然科学定律的科学哲学因果理论,接下来将要讨论的是以操作和干预为核心的因果性概念,并在此基础上建立对因果关系实验研究方法的合理设计的理解。

需要说明的是,在社会科学等领域中,因果关系不仅有操控性定义,还有因果机制、多重因果关系、对称与非对称因果关系等定义形式(King et al.,1994)[85]。但这些刻画之间并不矛盾。例如,因果机制虽然更强调对一个总体因果关系具体发生过程的环节说明,但这些环节自身同时也是其他层面的可操控性因果关系。

3.1.2　基本框架

使用操控、干预和实验概念来讨论因果性最早可以追溯到18世纪的哲学家里德(Thomas Reid)(Risjord,2014)[219]。近年来,基于干预和操控的因果理论支持者主要包括伍德沃德(Woodward,1997,2000,2003,2015,2016),豪斯曼(Hausman,1997;Hausman & Woodward,2004),珀尔(Pearl,2000;Pearl & Mackenzie,2018)等人。其中门齐斯(Peter Menzies)和

普赖斯(Huw Price)对可操控性因果性①给出了一个代表性的定义如下：

> 如果事件 A 的发生是一个自由行动者可以引起事件 B 发生的有效手段，那么事件 A 是该独立事件 B 的原因。(Menzies & Price，1993)[187]。

为了提供对于因果的直觉理解，他们诉诸操控行为这一普遍的直接经验，即：可以被我们体验到的因果性不仅仅是休谟意义上的事件连续性，而是更加具体的、经由操控后才会发生的连续事件。换句话说，这是一种直觉的、非语言的概念：通过操控来引发一个事件并不要求事先习得任何因果概念的认识。这就使得该理论摆脱了循环说明的威胁(Woodward，2016)。然而，该定义招致了"人类中心主义"(anthropocentrism)的批评：因果变成了人类力量在经验世界上的一种投射，而这种主观的因果理念似乎是难以接受的(Woodward，2003)。另一方面，在许多与人类无关的因果语境中——如"大陆板块的摩擦导致了地震"——很难想象行动者的操控行动如何在其中起到原因的作用。

为了消除人类中心主义的影响，将因果概念仍然设定在非主观的、实在论的层面，伍德沃德取消了行动者的角色，并给出如下定义：

> A 是 B 的原因，当且仅当(i)有可能对 A 施加干预且(ii)一些可能的对 A 的干预在改变 A 取值的同时也改变了 B 的取值(Woodward，2015)。

对于干预这一核心概念，伍德沃德提供了一个形式化的定义：

干预 I 是一个适当取值的外生性变量，I 可以决定变量 X 的取值。若在此情形下，与 X 相关的变量 Y 的取值也随之发生改变，就称 X 是 Y 的原因。干预过程中，干预变量 I、待考察的相关变量 X 和 Y 应符合如下的要求(Woodward，2005)[98]：

干预 1：I 因果地导致 X。

干预 2：I 相当于一个控制所有其他因果地导致 X 的因素的开关。这意味着，当 I 取某些值时，X 的取值仅由 I 决定，而停止受到其他原因变量取值的影响。

干预 3：任何从 I 到 Y 的有向路径都经过 X。即 I 不是 Y 的直接原

① 门齐斯和普赖斯在原文中将他们的因果论命名为"能动者理论"(agency theory)，但他们明确指出，自己延续了"可操控性理论"(manipulability theory)进路(Menzies et al.，1993)[187]。

因。I 也不是任何除了 X 以外的 Y 的原因变量的原因，除非这些非 X 的原因也在 I-X-Y 的路径之中。这些例外的情形包括：①这些 Y 的原因是 X 的结果（如：处于 X-Y 路径之上的变量）；②I-X 路径上对 Y 没有独立影响的变量。

干预 4：当 Y 的另一个原因变量 Z 并不处于包含 X 的有向路径上时，I 在统计上独立于 Z。

在此基础上，一个干预 IN 可以表述为：

I 的某一取值 $I=zi$ 是 X 相对于 Y 的干预，当且仅当 I 是一个 X 相对于 Y 的干预变量，且取值 $I=zi$ 是 X 取值的实际原因。

上述定义中，（ⅰ）首先要求对于 X 的干预是可能的，或者至少在逻辑或概念层面是可能的。其次，（ⅱ）是对 Y 在干预后会何种变化的一种可能的描述，通常是一个反事实命题。在该理论的早期版本中（Woodward，2003），X 的值完全受干预变量 I 的控制（作为干预的函数，而不是任何其他变量的函数），因此 I 对 X 的所有其他内源性因果关系都进行了“破坏”。后期，伍德沃德基于艾伯哈特和谢恩斯的工作（Eberhardt & Scheines，2007）放宽了要求，不要求干预打断 X 的所有因果关系，而只需要满足外生性、无关联条件并致使 X 的取值变化即可。故除了在 $I \rightarrow X \rightarrow Y$ 路径之上的变量，干预变量不与 X 和 Y 的其他任何原因相关联。修正后的干预的定义在方法论层面会更加富有成效（Woodward，2015）。

需要注意的是，伍德沃德并未像门齐斯和普赖斯那样将因果概念的还原纳入其理论目标（Woodward，2016）。该理论中存在良性循环，即干预概念本身就蕴含了因果性。干预只是用以刻画和辨别新的因果关系的有效工具，而不提供关于因果概念的形而上学解释。该循环并非恶性，是因为我们需要借助已知的背景因果知识（I 和 X、I 和 Y、I 和 X 的其他原因之间的关系），但并不要求事先知道 X 和 Y 之间的因果关系。对因果关系的这种认识方式符合实际的日常和科学实践。

伍德沃德的可操控性因果理论与珀尔等人的贝叶斯网因果理论具有良好的兼容性。后者基于因果马尔可夫条件发展了适用于多种情形的因果推理计算工具，在统计学、博弈论、计算机等诸多社会科学领域已经得到了广泛应用。国内学界对于可操控因果理论也已经有了一定的关注和讨论。本书对上述因果理论采取操控主义（manipulationism），而不是干预主义（interventionism）的称呼，是为了突出在实验和中文语境下“控制”环节的必要性。实验不仅仅是一种不受限制的干预①。即便在自然实验等非人为实施操控的场景中,研究者仍需花费大量精力去确定和描述相关的控制条件。这对于进一步推广实验结论是不可或缺的。

在将上述因果推理框架转化为可实施的实验设计之前,研究者还需要审视实验是否能够满足两个重要假设(King et al.,1994)[91]。首先是单位同质性(unit homogeneity),即当自变量取某一值时,每个研究对象单位的因变量预期取值也取同一值。这意味着干预是稳定可重复的。不难想象,对于同一个人来说,如果同样的事在同一事件和地点再次发生一次,结果应该不会发生变化。然而这依然是不可能的反事实情形,因此单位同质性假设事实上被转化为样本近似性的要求。其次是条件独立(conditional independence),即自变量独立于因变量,或曰自变量的赋值过程与因变量独立,也就是伍德沃德所定义的干预变量 I 所实现的功能。随机分配和人为赋值是提供条件独立的常用方法。

3.1.3　理论优势

操控主义因果理论致力于发展出一种更为符合科学实践的说明。在社会科学语境中,运用操控主义因果理论至少有三个方面的优势。

首先,它不依赖于科学定律。基于规则性的休谟因果观为了避免将所有的规律性都解读为因果关系,需要引入自然定律作为形而上学基础(王巍,2013)[121]。但是,社会科学中是否存在或应该追求科学定律仍是一个有争论的议题。操控主义将因果关系界定为事件之间的反事实关系,从而不必须要求以定律为前提来进行科学说明。

其次,操控主义因果理论可以排除偶适概括和共同原因,并给出因果关系的强度。根据定义,独立地改变原因变量的取值将导致结果发生变化,因此因果性具有一定程度的不变性。对于偶适概括,只需要人为改变原因变量后,结果并未发生变化,则可排除其作为可靠的因果关系。该理论要求干预能够在决定自变量取值的同时,保护模型中其他的因果关系,因而排除了共因的影响(详见后文3.2.2节及图3.1)。并且,在线性因果模型中,干预变量的相关系数的值的大小定量地表述了该不变性所具有的强度。

最后,操控主义的因果分析方式有助于澄清表述模糊的因果命题以及

---

①　伍德沃德已经给"干预"设定了清晰的概念限制。这里想说明的是按照日常语言的习惯,"操控"更接近该理论中"干预"概念的实际含义。

其中的因果变量的实质含义，并且能够用以构建进一步的经验研究。一个典型的例子是对于如下命题的分析："成为女性是薪资歧视(低收入)的原因"。该命题中的因变量"成为女性"在不同研究者看来也许会对应着截然不同的可操作的原因。一种可能的生物学理解意味着，如果一位女士进行了变性手术(且不改变其他条件)，那么"她"的工资会变高。而另一些社会学研究者希望讨论的问题可能是性别引起的职场歧视，即雇主会对不同性别的员工采取差异对待。故此时可以用雇主对于雇员的性别认知和相关态度作为替代性的自变量，而不是雇员真正的生理性别，从而避免操控无法实现的问题。诸如性别、种族特征在社会科学研究中往往被认为会造成因果效应，但他们同时又是不可改变的(immutable)(今井耕介，2020)[47]。通过对干预实验过程的合理构想，因果命题以及其中的变量意义得到了澄清。3.2节中将继续讨论操控主义因果理论如何能够在方法论层面帮助我们进行实验设计。

3.1.4 批评及回应

本节整理了对操控主义因果理论的近期批评，将它们分为三类后进行初步的介绍。

1. 对理论预设的质疑

(1) 模态性假设。操控主义和规则性因果论同样认为，因果关系可以人为地从系统中独立分离出来，这一观点有时被称为模态性(modularity)假设(Risjord，2014)[224]。虽然真实世界中的因果关系总是发生于复杂多变的背景之中，操控主义者认为这一背景总是可以与目标因果关系分开的，因此他们要求在改变自变量时"将系统中的其他变量固定不变"。卡特赖特批评模态性在许多决定论因果系统中都是难以实现的(Cartwright，2007)。例如，很难想象在保持其他要素(如经济、军事、社会机构等)真正不变的情况下，改变一个国家的政府形态。因此，操控主义因果理论所要求的"对因变量进行独立的改变"在社会科学中的可行性值得怀疑。

一种可能的回应是：隔离和固定其他变量只需要在原则上可行即可，而不需要应对实践难题。笔者认为，自然实验在适当研究问题和场景中能够作为缓解模态性假设问题的手段。此时，对系统中其他变量的固定并非像在实验室中那样通过精心搭建的实验环境来实现，而是借助统计学工具对相似的实验对象进行匹配，因此不需要人为地进行固定。不过，自然实验原则上并不能确保提供任意形式的实验干预场景，其实现也往往需要考验研究者的慧眼和运气。因此卡特赖特的批评依然是成立的：满足模态性假设是一个实践性的难题。

（2）实践可行性。对干预变量的实践可行性的担心可以拓展为一个更一般的怀疑。一些哲学家担心，如果某个因果关系所预设的干预变量实际上并不可能实现，那么这一理论的普适性和意义是值得怀疑的。伍德沃德援引了经济学研究中常见的"假想实验"论证来说明：即使干预和操控是实际上不可行的，基于操控视角的假想实验设计依然有助于明确研究的目标因果关系，并且可用于指导和评估非干预性质的因果关系研究。3.2.4节将进一步介绍假想实验的作用和意义，以及相关的实际案例。

（3）干预对因果结构的影响。对于社会科学实验的质疑之一源自干预行为对研究对象或社会系统带来的不可避免的影响。这一问题典型地体现在"卢卡斯批判"（the Lucas critique）中。"理性预期"学派的代表人物卢卡斯（Robert E. Lucas，1995年获诺贝尔经济学奖）批评了凯恩斯主义将市场经济当作机器来进行调节的宏观经济政策，因为这些政策性干预将反过来影响市场中部门和个人的行为方式，从而导致这些政策最终无效（汪丁丁，1996）。该批评可以延伸至社会现象中各类会影响到研究对象自身结构的干预行为（Steel，2008[149]；Russo，2011）。进行因果推理的重要步骤是掌握正确的因果模型及其表述方式，包括因果图、结构方程、逻辑语句等（珀尔，麦肯齐，2019）[XX]。如果干预行为反过来造成了因果模型的变动，这确实会构成一个挑战。虽然，并不是所有干预都一定会影响因果模型，尤其是当干预存在于较低层级时。如果干预存在于较高层级（如政策变动、政治体制变化），一个可能的解决方法是通过在历史上寻找类似的情景并考察是否真的发生了因果模型的变化，并据此进行动态调整。

2. 对科学实践的说明不充分

（1）不变性作为一种反事实概念不符合科学实践。伍德沃德在其著作《让事情发生》（*Making Things Happen*）一书开篇强调，其理论的意义之一就是为因果探索提供一种更为符合科学实践的说明。因此当拉索（Russo，2011）就社会科学而言批评操控主义因果理论提供的方法论说明与实际相去甚远时，该指控还是较为严厉的。拉索重点指出了两个问题。其一，通过操控和干预来测定不变性只是因果探究工作的一小部分，操控主义因果理论没有考虑局部因果性研究与整体的理论结构之间如何进行结合和相互印证。其二,操控主义因果论无法对基于观察式研究数据的因果探究工作模式提供说明。社会科学的大量研究仍然依赖于观察和统计,故而从中可靠地区分相关性和因果性是一个关键性难题。拉索认为,即便有时社会科学家可以求助于自然实验,对其中数据的处理工作仍然回到了观察式研究。该质疑集中体现了对观察/实验二分立场的理解差异。伍德沃德和珀尔对此都采用了宽容态度,认为传统意义上的观察研究(包括统计学分析和准实验)与实验并不是截然不同的方法,只要研究设计满足了干预的要求,即便该干预不是人为地发生在实验室之中,那么也是可以用于因果推理的。相反地,许多的社会科学哲学家坚持强调观察和实验的二分,如居里(Adrian Currie)和列维(Arnon Levy)认为,实验因其控制和样本化的特征所具备的假说确证功能是建模和自然实验等方法完全不能实现的(Currie & Levy,2019)[1066]。笔者认为,哲学家希望将实验和观察区分的倾向部分源于他们对清晰界定的概念的偏好。而从科学实践的立场出发,方法的混杂(hybrid)和融合(fusion)也许才是常态。是否应该观察/实验二分立场的论辩可能还会持续下去。

(2) 对因果机制的说明不充分。彭新波(2015)分析并比较了社会科学哲学中证据理论视角下的操控主义因果理论和因果机制论。他认为,伍德沃德将可操控的反事实概率相关性视为因果假说的唯一可靠证据,这一做法使得机制证据失去了合理性。而社会科学中总是需要借助复杂系统中的一系列要素所构成的机制进行说明,例如通过货币政策、市场情况、民众反应之间的因果关系来说明经济危机是如何发生的。即便伍德沃德认为因果机制可以分解为一系列干预下的不变性,它们仍然需要通过可操控性来辨识和确认。但对于实际的因果机制而言,研究者所面对的是无法进行回溯和干预的非实验数据,不可能探究其中的反事实依赖关系。此外,在复杂的社会现象的运行中逐一进行干预检查也是不现实的。因此彭新波认为操控因果理论在解释因果机制结构证据时是失效的。

不过在笔者看来,如果我们同意操控因果理论的方法论角色,并承认其不必承担形而上学功能,那么这一批评是可以接受的。一方面,用不同的方式去认识整体的因果机制和局部的变量间因果关系并不冲突,因为它们是因果性在不同层次上的作用。另一方面,观察和实验的严格区分也是该论证的主要依据,本书试图在第6章中对这一前提进行重新审视。结合目前社会科学领域实验方法的蓬勃发展,也可以从侧面说明社会科学研究者并不反对反事实证据和机制证据的融贯运用。

3. 缺乏形而上学功能

(1) 存在循环说明。批评者(Strevens,2007; Baumgartner,2009)认为操控主义因果理论中存在循环说明,即借助干预这一本身具有因果特征的概念来说明因果关系。在他们看来,一个好的因果理论应该提供对因果性的非循环定义,将因果关系“还原”为其他非因果概念(如规律性、相关性,等等),这样才算是提供了关于因果的“真值条件”,说明了因果的基础或本质。而操控主义因果论并不承诺回答这类问题。

(2) 对特定问题的解释不足。从因果性哲学研究的角度横向比较来看,李珍(2020)讨论了干预因果主义在为非还原因果论在心理因果性的因果排除问题辩护中的失效。李珍进一步指出,干预因果主义和反事实因果论通过数学-逻辑模型来刻画科学研究中对因果关系的理解和使用,是认识论和方法论层面的有效工具;但心理因果性问题不可避免地涉及了物理主义、还原论等形而上学问题,因此伍德沃德强调的方法论特征反而构成了其理论的局限性。这也许预示着对因果性的哲学理解仍然需要多层次的理论。

本书暂时并不试图回应以上批评并修正操控主义因果理论,不过这些批评有助于我们更好地理解该理论作为一种实验研究方法论框架的长处和弊端。接下来的小节将具体讨论操控主义因果论的方法论特征及意义。

3.2　操控主义因果论的方法论特征及意义

3.2.1　从形而上学转向方法论

伍德沃德认为,前文所述的对于操控主义因果理论的批评往往来自本体论或形而上学立场。他无意陷入这类争论,而是希望将其理论约束在方法论层面,并认为这样能够得出更加有意义的结论。这一点他与珀尔意气相投:珀尔希望将操控主义因果理论看作一系列方法论命题,而不是本体论或是形而上学的。

作为回应,伍德沃德区分了两种类型的本体论关切。本体论 1 关心什么是最基本的实体、性质或结构,或是对这些基本单元进行分类和概念化的最有效的方式是什么。本体论 2 则通常会提出这类问题,如:什么是因果命题的“基础”或“使真者”(truth-maker)[①](Woodward,2015)？对于许多本体论2视角下的研究者来说，如果不能提供这样的使真者，因果关系的主张就会变得不明确或有问题。另一类本体论2的问题涉及对因果关系的辨析和命名(releta)：它们究竟是事件、过程，还是某种比喻？不仅如此，本体论2一般还要求因果命题能够被还原为某种非因果性的说明，例如休谟规则性。典型的本体论2问题通常包含了“基本的”“现实的”和“基础性的”之类的词语，例如：“因果关系的本质在于什么”，或者“因果关系是否是现实的一个基本组成部分”。

一旦将提问的视角转换至方法论，便可以获得更多有明确意义的回答。首先，方法论意味着我们需要明确在探究过程中希望达到的目标。在因果理论的语境下，这一目标体现为寻找并发现那些可以潜在地用于操控的关系。伍德沃德列举了如下一些典型的方法论因果问题，并且认为它们可以部分地转化为方法论问题。举例来说：

(1) 如何区分因果性和相关性？

该问题意味着我们需要找到一种方法论层面的区分方法来判断这二者之间的界限。本体论者也许会将这一问题等同于“因果性是不是可以还原为相关性”，或“哪些基础性的实在使得因果性超越了相关性”。方法论问题则引导我们进一步回答：如果按照某种方式来区分因果性和相关性，我们能够达到什么目的；如果不这样区分，又会导致哪些问题和损失，等等。回到本章一开始提到的统计学界的“因果禁令”，这集中体现为统计学课程上反复强调的“相关不是因果”的教诲。探究因果性的任务一度被严格限制在实验室中。但是，受限于人类的能力和伦理道德的约束，实验并非是万能的许愿机。许多对于人类社会进步和生存重要的因果知识应当且只能从观察数据中获取。基于操控性因果理论，按照珀尔的说法，“因果革命允许我们超越费舍尔的随机对照试验，通过非试验性研究推断因果效应，其主要途径就来自这种分析重点的转变……掌握既定结论背后的假设比试图用随机对照试验来规避这些假设更有价值，而且我们在之后会发现，随机对照试验自身也存在局限性。”(珀尔，麦肯齐，2019)[117]。

通过使用因果图(见3.2.2节)来排除共因对自变量的影响，我们就可以将相关关系转变为因果关系。在这一方法论原则中，操控即是打断共因

① 对该文题的回答可能是自然定律、权力和处置倾向(powers and dispositions)、共相之间的必然关系等。

与自变量之间的因果箭头的关键步骤，也是从第一阶的观察迈向第二阶干预的主要方法。

珀尔对准实验采取开放性态度。在他看来，随机化只是能够实现上述目的的一种方式。而当研究者对于因果背景知识有更充分的掌握，或者仅仅是能够找到打断共因与自变量之间因果箭头的方法，就足以着手进行因果推断。伍德沃德则认为，自然实验恰好补充了非人为干预的实际例子。

（2）哪些决定性因素在因果关系中是必须包含的？

这一问题可能的回答如：因果关系中是否必须包含某种连接过程？在双重预防（double prevention）关系图式中，若事件 d 会阻止事件 e 发生，且事件 c 会阻止事件 d 发生，那么 c 可以看作是 e 的原因吗？鉴于我们的方法论目标，如果一种关系被视为因果关系，那么有什么理由坚持要求存在一个连接过程，或者区分存在连接过程和不存在连接过程的依赖关系？如果我们将所有非回溯（non-backtracking）依赖关系视为因果关系，无论是否存在连接过程，会丢失或遗漏什么？这个问题预示着方法论视角的因果理论同样具有规范性特征。

3.2.2　因果图

在规定了适当的提问方式后，接下来是定义合适的表征工具。因果图是珀尔和伍德沃德常用的因果模型表征工具，其用途是对“在环境中生成数据的因果力量”进行描述（珀尔，麦肯齐，2019）[XV]。因果图由点和箭头组成，其中点代表了目标变量，箭头代表了变量之间可能或实际存在的因果关系。通过已经掌握的背景知识就可以容易地绘制一个因果图来简化地表达我们需要讨论的因果关系。

更重要的是，因果图能够帮助我们连接实验干预、数据和待验证的因果假说，并评估在目前情况下因果推理是否可行。首先，使用因果图可以再次清晰地说明干预变量。例如，假设变量 A、B、S 符合如图 3.1(a)的因果结构，实施对 B 的适当干预 I 之后，因果结构将变成如图 3.1(b)所示。根据伍德沃德的定义，干预 I 打断了 A 和 B 之间的箭头，但是并不会影响 A 和 S 之间的箭头。

因此，如果通过实验实现了借助干预 I 改变 B 的取值，且 A 和 S 的值保持不变，我们就可以确证原先的因果假设。伍德沃德强调，实验的目标不是创造一套全新的因果联系，而是部分地切断一些因果关系，并且使之前缠绕在一起的多个关系分离开来，从而变得容易检测（伍德沃德，2015）[88]。

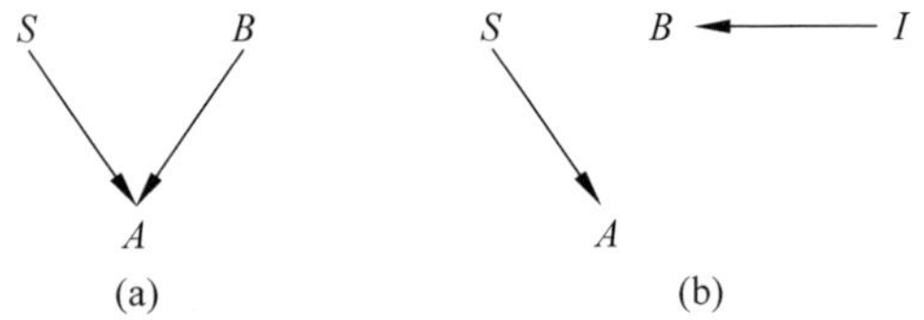

图 3.1 因果图的示例

珀尔指出，一个非循环的、没有潜在干扰因素的因果图同时还提供了由干预前概率来计算干预后概率的公式。这使得我们可以使用非实验的观察数据来估计干预的结果(Pearl,2000)[65]。另一方面，如果因果图中包含了无法测量的变量，那么这个研究问题就是不可识别的(unidentifiable)，即无法实现因果推理。因果图提供了可用于质询的、易于检测的有效工具，来辨别目标因果关系的假说是否充分。

3.2.3 反事实潜在结果

反事实潜在结果模型提供了估计平均因果效应的基本计算公式(Rubin,1974; Holland,1986)，见 4.1.1 节的详细说明。

社会科学中的实验"样本"往往并不处于一种静止的、恒定的状态，而是充满了发展和变化。例如，如果我们想知道提高最低工资标准是否会导致失业率增加，一种可能的变化机制是：雇主由于不愿支付更多的工资，反而减少雇员的数量。但是，如果事实是，某个国家或地区在提高最低工资后确实失业率上升了，我们也无法确认这一事件是否真的是由于该假设机制导致的。为了确认这一因果效应，最好的方式是看看没有提高最低工资时，失业率的变化情况，二者的差值即为提高最低工资带来的因果效应。由于这种情况只是假想的，并没有真正发生，故称之为反事实(counterfactual)。

通过反事实来思考因果关系的重要性在于避免将单纯的观察中发现的相关性视为因果性。如果仅仅通过观察来比较去过医院和没去过医院的人的自我健康评估水平，数据①将会告诉我们：没有去过医院的人健康状况显著地更好。但是我们也不难理解背后的原因：去医院的人本身的健康状况就会比较差。反事实的作用便是通过引入(真实或假想的)干预，将因果过程限定在同一个(或是性质近似)的个体(或群体)，从而排除研究对象自身

---

① 该例子基于美国健康采访调研(Natioanl Health Interview Survey)2005 年的调查结果。转引自(Angrist & Pischke ,2009)[18]。

特性造成的影响。

因此，因果推断是事实和反事实之间的比较。但是显然我们无法观察到真正的反事实，这也被称为是因果推断的根本问题（今井耕介，2020）[45]。解决的办法是通过引入随机化分组，估计平均干预效应，以代替个体层面无法测量和比较的反事实结果，即使用对照组作为干预组的反事实潜在结果的估计值。随机化分组“保证了两组之间的平均差异可以完全归因于干预本身”，因为即便是由不同个体构成的分组，他们的干预前特征（pre-treatmentcharacteristics）在平均水平上都是相似的（今井耕介，2020）[49]。关于随机化的意义和功能将在4.3节进一步讨论。

3.2.4　假想实验

在科学家的表述中，将可操控性与因果概念联系起来十分常见。胡佛（Kevin Hoover）1988年在《新古典经济学》中写道：“被广泛认可的因果定义是……如果控制A导致可以控制B，那么A是B的原因”（Woodward，2003）。甚至流行着这样的说法：“没有操控就没有因果”（No causation without manipulation）（今井耕介，2020）[47] 再如，安格里斯特和皮施克就将因果性描述为“设想对某个体实施某种替代性（反事实）干预之后的潜在结果。这些潜在结果之间的差异就是不同干预导致的因果效应”（Angrist & Pischke，2009）[52]。他们以随机对照实验作为因果推断的基准（benchmark），并指出其他非干预式研究应该尽可能地对其进行模仿（Angrist & Pischke，2009）[21]。

伍德沃德评论道：经济学家将假想实验作为因果推理的基本模式（Woodward，2015）。换言之，非实验研究的数据只有在能够告诉我们一个适当的假设实验的结果是什么时，其对于因果效应的推断才可以被认为是正确或可靠的。更进一步，假想实验提供了方法论的规范性标准：如果对同一研究问题，非实验数据与经由实验得到的结果不同，那么应该将实验结果视为正确的标准，而非实验研究的结果则应被视为错误而予以拒绝。这是假想实验的作用之一。

此外，假想实验可以限定因果关系研究的边界。有些因果关系原则上是不可研究的，例如小学生入学年龄与学业表现之间的关系。譬如，考虑到孩子的大脑随着年龄而快速发展，有些学区考虑是否应该推迟入学年龄来使小学生更好地适应教学并表现出更好的成绩。为此，一个假想的随机对照实验为：随机挑选一些分别在六岁和七岁开始上学的孩子，比较他们的成绩。然而，考虑到我们的假设：孩子的成绩与年龄有关，看上去我们需要控制的是年龄而不是其所在的年级。那么我们是否可以比较六岁上学的二年级学生和七岁上学的一年级学生的成绩呢？答案似乎依然是否定的，因为此时六岁上学的孩子多接受了一年教育，这被称为“在学影响”。由于学生的入学时间总是等于年龄减去在校的时间，想要同时控制大脑发育因素和在学影响就意味着需要同时控制年龄和在学时间，因此入学年龄也将保持不变①。故安格里斯特和皮施克断言：“如果你不能在假想的世界中设计出一个实验来回答你的问题，那么用有限预算和非实验性的调查数据产生有用数据的可能性似乎很小。对理想实验的描述也有助于你精确地阐述因果问题。理想实验的设计凸显了你需要操作和控制的因素。”(Angrist & Pischke, 2009)[5]。

3.3 小　　结

本章从因果理论的角度说明可操控性在科学实验中的作用。在方法论意义上，认识和验证因果性必须借助干预变量来实现，即经由对原因变量取值的干预可以实现结果变量的改变。使用因果图和反事实潜在结果可以帮助我们表征变量之间的具体因果关系，进而计算干预后的平均因果效应的大小。

需要强调的是，伍德沃德和珀尔等人的操控性因果理论的一大特征即：干预不仅限于实验室中的可控人为操控，而可以是任何能够因果地改变原因变量取值的外生性变量，如自然事件和社会事件造成的、在研究者设计和意愿之外的操控。只要这些操控能够在因果图中实现理论所要求的功能即可。这使得自然实验同样具有了因果研究的合法效力。甚至，操控性因果理论也并不要求干预必须是实践上可行的，只是将其作为认识因果关系的必要工具。也就是说，操控可以只是假设性质的，因此思想实验和虚拟实验同样能够提供适当的干预变量。

在理论的结构方面，相比之下，规则性和概率性因果理论只考察原因和结果两个变量之间的关系，操控性因果理论则要求同时考察原因、结果和干预三个变量。干预变量的存在将目标因果关系从混杂着共因的背景中抽离

① 替代性的解决方案是，考察入学年龄对成年人的影响，不过此时的结果变量变成了收入水平或是高等教育完成水平。严格意义上来说这是一个不可识别问题。

出来，同时也能够用于刻画因果关系维持不变性的定量程度。

操控性因果理论符合科学家对因果关系的理解，有助于说明实验的构建和作用方式。为了与观察式研究及其成果通常呈现出的相关关系做出区分，也为了确保理论知识能够有效地扩展和应用至更多的场景，社会科学家往往将因果性理解为操控性的。通过设计包含干预的假想实验，研究者可以根据现实条件进一步实施随机对照实验、随机田野实验、自然实验等具体的方案。

操控性因果理论在去除了人类中心主义的限制之后，接纳了广义的干预概念，从而沟通了随机对照实验和自然实验，使它们能够共享同样的因果推理框架。接下来我们通过对这两种类型实验的进一步考察来阐明它们之间的关联和差异。

第 4 章　随机对照实验

4.1　随机对照实验①的结构和设计

随机对照试验(randomized controlled trials,以下简称 RCT)被广泛看作是理想、可靠的药物、疗法、政策等干预行为的检测方法,在医学、心理学、经济学、教育学、政治学、社会学诸多领域得到越来越多的运用。2019 年的诺贝尔经济学奖颁发给了杜弗洛(Esther Duflo)等三位致力于利用 RCT 进行贫困地区发展经济学研究的学者。美国预防服务工作组(US Preventive Services Task Force)将 RCT 列为推荐等级最高的临床研究方法(Harris et al.,2001),因此不少学者视 RCT 为临床测试中的黄金检验标准(Schulz & Grimes,2019)[9]。

RCT 的基本流程是:试验前,研究者招募符合条件的被试者,通过随机分配来决定每位被试者进入的组别(干预组或对照组);实施试验干预后,研究者对数据进行显著性分析以完成零假设检验。其优点在于:基于统计学设计,RCT 能够提供对于干预行为产生因果效应的估计,随机化分组操作确保了该估计无偏(unbiased)且内部有效(internal valid)。而 RCT 的主要缺点是外部有效性较差,无法将结论直接外推至其他样本;并且 RCT 的使用场景受到干预能力和伦理的限制,例如:不可要求健康人群吸烟来测试其与肺癌的关联。

4.1.1　RCT 设计的历史回顾及统计学基础

虽然随机化分组方法并非菲舍尔的首创,但他被认为是现代随机化方法之统计学理论和实验实践原则的奠基者(Hacking,1988)。作为一个从事农业田野实验的统计学家,菲舍尔不仅对随机化背后的数学模型和假设

① 本书将实验(experiment)视为包含多种方法的集合;试验(trial)属于一种实验方法。因此此后不加区分地使用"实验"和"试验"。两组术语中的后者更常见于医学研究的文献。

进行了清晰的表述，同时系统性地设计了实验者的操作指南，使对统计学没有深入学习的人也可以以此为指导完成实验设计。他基于对其他干扰因素的潜在影响的分析，旗帜鲜明地反对非随机的、系统分组的传统实验设计，引起了方法论的革新。同时，菲舍尔及其所在的洛桑农业实验站(Rothamsted Agricultural Station)通过接待访问学者、开设课程等方式，积极传播随机化实验设计，极大推动该方法的应用发展。到了 20 世纪 50 年代，在世界各地出版的统计学书籍中大都能够见到随机化分组和显著性检验的相关内容(Hall，2007)。

菲舍尔最早提倡随机化分组的著作《给研究者的统计学方法》(*Statistical Methods for Research Workers*)出版于 1925 年，不过信件往来表明他在 1924 年的夏天就已经形成了对此方法的完整构想(Hall，2007)。菲舍尔采用随机化分组的理由主要基于三个方面。首先，在实践层面，菲舍尔意识到无论实验者如何努力去控制实验条件，都不可能完全排除干扰因素的影响，因为这些干扰因素原则上有无限多种，如农业实验中的温度、日照、土壤肥力、排水情况，等等。而一个“完整的随机化程序，可以保证显著性测试的有效性，防止因未消除的干扰原因而受到损害”(Fisher，1935)[35]，可以被视为是可靠实验控制的基本保障。

其次，在统计学层面，随机性所具有的均匀抽样概率是 n 维几何证明的前提。在设计实验分组的统计学模型时，菲舍尔采取了两条基本原则。第一，应区分统计量及其可靠性。第二，抽样和分组的过程必须确保统计量的可靠性是可计算的。由此，菲舍尔发明了今天被广泛应用的显著性检验。通过将抽样问题转化为一个 n 维空间中的球面上取一个样本点的问题，样本的位置分布所具有的随机性成为一次合理抽样的内在属性(Fisher，1915)。因此，实施随机分组是使用显著性检验的前提。

最后，在概率论层面，随机抽样原则上意味着每个样本都具有同等概率被安排至实验组和对照组。只有该过程能够保证每一次分组是独立事件。相比之下，传统实验设计采用的系统性分组背后蕴含了实验者对控制条件的假设，当这些假设实际上并未被满足时，分组则不满足独立性要求(Box，1978)[148—149]。这也是为什么菲舍尔强调随机化必须涉及使用一个物理随机过程：“(随机化)并不意味着实验者按照某种随意的方式写下分组……而是应该实施一个物理性质的随机实验过程，其中，每一个样本都有同等概率被分配至任意一片实验田中。一个可接受的方法是使用一副从 1～100 编号的卡牌……”(Fisher，1935)[56]。在当时的技术条件下，物理随机系统最符合等概率的抽样要求。而这一技术后来逐渐被随机数生成程序、随机数表等更加简便的"伪随机"方法取代。

除了"随机"这一操作原则，随机对照实验的另一个重要理论基础是对潜在因果效应的反事实推理，即"对照"。珀尔将对于因果性的认识分为观察、干预和反事实三个递进的层次，它们分别对应不同的认识形式和数学模型(珀尔，麦肯齐，2019)[8]。在自然科学中，实验通过对于研究对象与环境的严格控制，观测干预行为的后续效应，从而获得反事实因果证据。在社会科学和医学中大量使用的观察数据和统计学分析通常被认为只能论证相关性，而不能进行因果推理。因此，研究者设计了模仿实验室实验的 RCT，希望在这些领域中同样进行反事实因果推理。在此过程中，随机化(randomization)策略的引入可以消除常见的两类偏差，提高两组样本之间的相似程度，从而获得对因果效应的无偏估计①。

接下来简述随机对照实验中因果推理的数学形式。

1. 平均干预效应估计与选择偏差(selection bias)

回答反事实问题要求考察同一个体接受和未接受干预时的表现。但是对于人、家庭等研究对象而言，个体层面的干预及未干预结果不可能进行同时观测。在大样本时，可认为群体干预效应的平均值收敛于个体干预效应，因此研究者可以进行以小组为单位的测量。例如，研究学校是否发放课本对于学生成绩的影响。Y_i^{T} 为某一发放课本的学校 i 中学生的平均成绩，Y_i^{C} 为某一未发放课本的学校 i 中学生的平均成绩。差值 $Y_i^{\mathrm{T}}-Y_i^{\mathrm{C}}$ 可用来评估发放课本这一干预行为对于学生成绩的因果效应(Duflo et al.，2007)[3900]。该差值的期望平均值为：

$$D=E[Y_i^{\mathrm{T}}-Y_i^{\mathrm{C}}] \tag{4-1}$$

在试验中，实际测得干预组和对照组中学生在干预后的平均成绩。大样本时，这一结果收敛为：

$$D=E[Y_i^{\mathrm{T}}\mid \text{干预组(发放课本)}-Y_i^{\mathrm{C}}\mid \text{对照组(不发放课本)}] \tag{4-2}$$

式(4-2)可整理为

$$D=E[Y_i^{\mathrm{T}}\mid \mathrm{T}-Y_i^{\mathrm{C}}\mid \mathrm{C}] \tag{4-3}$$

---

① 在临床医学和流行病调查中，需着重避免的偏差除了下文讨论的选择偏差和混杂偏差外，还有在干预和测量等过程中产生的信息偏差(information bias)。信息偏差与调查者和被试者的行为模式有关，无法通过干预前的随机分配来消除，因此不加以详细讨论。

假设干预组没有受到干预(引入反事实条件),其期望平均成绩为 $E[Y_i^C \mid T]$,则有:

$$D = E[Y_i^T \mid T] - E[Y_i^C \mid T] - E[Y_i^C \mid C] + E[Y_i^C \mid T] \tag{4-4}$$

式(4-4)可进一步整理为

$$D = E[Y_i^T - Y_i^C \mid T] + E[Y_i^C \mid T] - E[Y_i^C \mid C] \tag{4-5}$$

其中,$E[Y_i^T - Y_i^C \mid T]$项是平均干预效应,$E[Y_i^C \mid T] - E[Y_i^C \mid C]$项即为选择偏差,即:干预组的学生在没有接受干预时的期望平均成绩与对照组学生的期望平均成绩的差值,也就是干预组和对照组的基准线差异。若两组学生受其他因素的影响不同,则此项不为零。例如,当干预组学生家庭更加注重学业时,选择偏差值大于零。

因此随机化分组的策略理论上可以消除选择偏差,并获得对反事实平均干预效应的估计。不过由于单次样本相对于所研究总体而言并非随机,RCT 只能保证对当次试验样本内部的有效性。

2. 线性因果模型与混杂偏差(confounding bias)

在社会科学和医学研究中,尚存在许多未被探明的影响因素,它们与所研究的目标效应的叠加将构成混杂偏差。若试验中观测到的总效应 Y_i 满足线性因果模型:

$$Y_i = \beta_i T_i + \sum_{j=1}^{J} \gamma_j x_{ij} \tag{4-6}$$

其中,T_i 是取值为 1 或 0 的哑变量,表示测试单元 i 是否接受干预,β_i 是干预效应。$\sum_{j=1}^{J} \gamma_j x_{ij}$ 表征了其他有关的混杂因子对总干预效应的贡献(也称协变量 covariates)。

线性模型下差值的均值等于均值的差值(Deaton,2010),因此式(4-6)成立时,结合式(4-1),有:

$$E[Y_i^T - Y_i^C] = E[Y_i^T] - E[Y_i^C] \tag{4-7}$$

即我们可以用干预组和对照组的整体平均值来估计个体的平均干预效应。不过对非线性模型以及其他的统计量(中位数、方差等)而言,此结论均不成立。

对于某一次试验,测得的平均干预效应为:

$$E[Y_1^T - Y_0^C] = \bar{\beta}_1 + \sum_{j=1}^{J} \gamma_j (\bar{x}_{1ij} - \bar{x}_{0ij}) \tag{4-8}$$

式(4-8)可进一步简化为

$$E[Y_1^{\mathrm{T}} - Y_0^{\mathrm{C}}] = \bar{\beta}_1 + (\bar{C}_1 - \bar{C}_0) \tag{4-9}$$

式(4-9)中,$(\bar{C}_1 - \bar{C}_0)$一项为混杂偏差,即两组被试所受到其他影响因素效应的差值。理想的随机分配同样可以使此项值为零,即认为两组被试受到了同等程度的混杂因素干预。

不难看出,选择偏差和混杂偏差均由试验外部存在的其他原因造成。区别在于,选择偏差在试验之前就已经形成,混杂偏差则随着干预过程同时发生。因此随机操作的意义可以更直接地理解为排除目标因果关系之外的其他原因,从而尽可能构成一个干扰因素受到充分控制的"实验"。

4.1.2　基于 RCT 进行因果推理的局限

以上讨论几乎不涉及具体的理论假说和因果模型①,但这并不意味着研究者可以仅通过 RCT 来获得普遍有效的因果知识。

1. RCT 与理想可控干预实验的差异

杜弗洛等人指出,RCT 只能观察干预造成的整体效果,在此过程中无法完全排除其他因素的影响(如学生自身学习情况的变化、老师的教学方式差异等),因此 RCT 提供的是全微分方程,而非更加理想、精确的偏微分方程(Duflo et al.,2007)[3903]。这意味着我们不能分离出其中单一的因果关系。但是,考虑到社会科学和医学领域的研究对象特点,我们希望了解的正是人类在实际社会生活情境中的行为和反应,而非严格控制下的非真实实验室环境中的测试数据。RCT 在一定程度上保留了特定被试和场所中承载的社会和环境信息,同时也实现了对单次干预效应较为准确的测量。这正是 RCT 与一般意义上的实验室实验相比更适合此类领域研究的原因。

这也提示我们,试验所呈现的局部的因果关系,并不能简化和外推为 $F(x,y)$。其他影响因素,如各环境因子,实际上是结构性地附着在因果关系中,无法进行完全剥离。即试验实际研究的是 $F(x,y,\boldsymbol{I})$,其中 $\boldsymbol{I}$ 为 n 维不可观测输入向量,可看作功能因果模型②(functional causal model)

---

① 虽然实际因果关系的"本体"不太可能是理想的线性模型,但是经济学认为使用线性回归可以提供最好的线性近似。这里的"最好"被定义为拥有最小的均方近似误差(minimum mean squared approximation error)。

② 一个功能因果模型包含一组如下形式的方程:$x_i = f_i(pa_i, u_i)$,$i=1,2,\cdots,n$,其中父变量 pa_i 代表 x_i 的直接原因,u_i 代表遗漏因素造成的误差(或干扰)。

(Pearl,2000)[27] 在试验中的具体形式。在单次试验展开的地区、人群等具体情境中,**I** 中包含的部分环境变量取固定值,因而可以检测 y 受 x 影响的效应大小。但是一旦将结果外推至不同的社会文化情境中,**I** 中的环境变量的取值差异便不可忽略;因此基于 RCT 的试验结论并不保证外部有效性。

RCT 仅提供对因果效应的局部估计,正如高倍显微镜一般。建立更普遍的结论要求进一步在具体理论框架下确认 **I** 中各变量的影响方式。因此,即便 RCT 的统计学结构巧妙地避免使用过多模型和理论,但在实际研究中杜弗洛等人指明须将试验设计和分析与理论结合起来。

2. 消除混杂偏差的实际困难

迪顿和卡特赖特认为 RCT 提倡者低估了该方法的实际困难(Deaton & Cartwright,2018)。以临床药物试验为例,考虑到人类的两万多个蛋白质编码基因,只要出现一个未知的相关原因没能被均匀分配至百人规模的干预组和对照组,那么混杂偏差就没有被完全消除。因此他们认为不应该过分强调 RCT 提供无偏估计带来的好处。他们认为实验室实验和匹配(matching)等利用现有理论知识来排除或抵消其他因素干扰的研究方法更为可靠。

但是,他们的论证恰恰可以用来说明在社会科学和医学领域同样无法设计精确的实验室实验:对上万个变量实施严格的实验室控制同样难以实现。即便在分子生物学中,实际可行的做法也只是进行细胞实验或特定基因型的模式生物实验,仍然存在外部有效性问题。在此意义上,RCT 等非实验室研究不可被实验替代,而是相互补充:RCT 提供了更多 **I** 中的环境变量信息。对人类行为而言,无论普适性的偏微分因果关系 $F(x,y)$ 是否真正实在①,社会科学仍希望考察复杂环境因素中的具体议题,如:预测某地区推行某政策的实际效果。实验室实验的运行要求严格限定环境变量取值以集中呈现被试与干预行为之间的关系,因而难以纳入对各类环境变量的进一步考察。因此 RCT 和实验室实验之间的关系是相互补充而非等级式的(hierarchical)。等级图式暗示着方法之间存在着固定的优先级顺序,因此不可避免地引导共同体逐渐放弃低等级研究方法,转而偏向更高等级

① 此处希望说明即使 $F(x,y,\boldsymbol{I})$ 中 **I** 的变量种类和影响方式是可穷尽的,我们仍然需要 **I** 所蕴含的具体(博物学式的)知识,而不是向着仅关注于研究 $F(x,y)$ 的实验室实验进行还原。

的方法。

实验所揭示的功能因果模型 $F(x, y, \boldsymbol{I})$ 中，$\boldsymbol{I}$ 至少包含了环境变量 $\boldsymbol{E}$ 和背景知识 $\boldsymbol{B}$：

$$\boldsymbol{I} = (x, \boldsymbol{E}, \boldsymbol{B}) \tag{4-10}$$

对于一次特定实验，$\boldsymbol{E}$ 和 $\boldsymbol{B}$ 的取值固定，并呈现在实验报告的实施介绍和数据分析中。由此不难看出各种实验设计的差异在于对 $\boldsymbol{I}$ 中各个变量的认知程度（决定了不可测维度的数量）和可操控性程度（决定了能够实现的取值范围）。例如，实验室中，环境变量和背景知识的不可测维度很低，环境变量可以在较大范围内实现操控；而在 RCT 中，环境变量由外部条件给定，且二者的不可测维度均较高。因此 RCT 所得的因果推理适用范围小，只能进行局部的测定。

上述实验因果推理的有限性可以被理解为社会科学等以复杂系统为研究对象的学科领域自身的特性。可操控性因果论的支持者伍德沃德认为，特殊科学（special sciences）中研究的因果关系可以理解为干预下得以保持的有限程度的不变性，而限度的大小构成了社会科学理论及定律之间进行比较的方法论标准（Woodward，2005）[260]。类似地，以干预为核心的社会科学实/试验设计虽尚且不能具有实验室实验的普遍可复制性，但依然可以提供用以划定理论有效范围的经验证据，从而提供局部有效的因果说明“拼图”。

4.2　案例研究：RCT 可以构成“判决性试验”吗？

> 一旦我们理解了随机对照试验起作用的原因，我们就没有必要再将之奉若神明，把它当作因果分析的黄金标准，要求所有其他方法都必须以此为参照。恰恰相反，我们会领悟到这一统计学家所谓的黄金标准实际上源自更基本的原则。
>
> ——珀尔，麦肯齐（2019）[117]

实际上，RCT 常被用作疗效检验的“判决性试验”：当非 RCT（主要为准实验和观察类对照研究）与 RCT 结果冲突时，研究者通常以 RCT 结果作为判定标准来否决特定疗法的进一步研究和使用。迪顿和卡特赖特批评 RCT 判决意味着过度外推其结论至试验样本之外，无视了内部有效性的前提。美国疾控中心（Centers for Disease Control and Prevention，CDC）前主任费和平(Thomas Frieden)同样在综述中指出目前的临床证据评价体系向着RCT倾斜,对非RCT证据没有给予足够的考虑(Frieden,2017)。这些评论都试图说明RCT标准性地位的不合理性。接下来本节将以维生素C癌症疗法研究案例来支持以上观点。

4.2.1 历史回顾

20世纪70年代,化学家鲍林(Linus Pauling)发现镰状细胞贫血症是由血红蛋白分子的缺陷造成的构型变化导致的。自此鲍林对分子层面的疾病研究产生了浓厚兴趣。他注意到相比其他生物,人类不能自体合成维生素C,因此可能患上坏血病。鲍林进一步认为人类可以通过补充因为遗传缺陷而丢失的营养物质(他称之为矫正分子“orthomolecule”)——比如维生素C——来保持健康,甚至治疗感冒、癌症等。鲍林的理论受到医学界的广泛批评,但是一位英国医生卡梅伦(Ewan Cameron)和他产生了共鸣。卡梅伦先是对11个癌症晚期病患进行了大剂量维生素C治疗,提高了患者的存活质量和时间。此后二人展开长期合作,希望推进维生素C癌症疗法研究(Cameron & Pauling,1979)。

起初,美国国立癌症研究所拒绝了他们的RCT研究申请,理由是缺乏充足的动物实验证据。但按照鲍林的理论,动物不缺乏维生素C,因此他们认为很难在动物实验中获得有效的实验证据(Collins & Pinch,2005)。随着该研究计划受到越来越广泛的大众关注和学界质疑,美国国立癌症研究所指定梅奥诊所(The Mayo Clinic)代替他们进行了两次验证性质的RCT,但研究未见显著疗效(Creagan et al.,1979; Moertel et al.,1985)。虽然鲍林和卡梅伦极力批评梅奥诊所的试验设计和实施不符合他们的研究假说,但这些回应没有引起更多关注。此事件被视为鲍林晚年学术生涯的“误入歧途”(祖述宪,1996)。但如果仅从研究方法的设计和实施层面评价,结合近年来新出现的分子生物学实验证据(见4.2.3节)来看,曾被RCT结论否决的维生素C疗法并非毫无科学研究价值。

4.2.2 队列研究、准实验和统计观察

队列研究通过恰当实施的匹配来收集样本,从而在未进行随机的前提下减少混杂偏差。此方法在证据推荐等级中通常位列中游。支持鲍林和卡梅伦观点的主要证据正是一项回顾性(retrospective)队列研究:卡梅伦为100名未接受过早期化疗的癌症患者逐一匹配了类似身体和疾病条件10

个病例作为对照，并对共计 1100 名患者的生存时间进行了统计学分析（Cameron & Pauling，1976；见表 4.1）。该研究的结论是维生素 C 癌症疗法通过了显著性检验（总体 $p \ll 0.0001$；见表 4.2），这意味着维生素 C 疗法不能被看作是完全无效果的。

双方对于合理实验设计的方案存在很大分歧。按照鲍林和卡梅伦的理论假说，纳入实验研究的患者最好没有接受过前期化疗和放疗，而在梅奥诊所的莫特尔看来这一要求在美国不可能找足够数量的患者。鲍林认为，被试者在是否接受化疗上的差异足以说明梅奥诊所的研究不能构成合理的重复检验。同时，莫特尔指责队列研究没有在选择对照组时采取随机分配程序。这里我们再一次遇到了实验者回归问题：重复实验的失败究竟应该归结于实验设计的差异，还是实验结论的正确与否？这一案例所涉及的复杂社会、文化和商业背景使得问题变得更加复杂（Collins & Pinch，2005）[97]。

最后，让我们再详细比较一下双方的实验设计差异。卡梅伦的研究样本量大于梅奥诊所开展的两次 RCT（前者的总样本量为 1000 多人，后者共计不到 300 人），干预组持续时间更长（前者从纳入被试延续到患者死亡，后者则平均持续两个半月），采用的血药浓度更高（前者给药方式为静脉注射，后者采用口服），随访更细致（前者患者为住院患者，后者为流动患者），评价指标关注于生存时间而不是肿瘤萎缩程度，等等。二者实验方案的差异一方面由双方的理论预设不同导致，另一方面也与当时美国和英国的医疗政策与文化的差异息息相关。

4.2.3 实验室证据

维生素 C 疗法的争论涉及科学发展与决策中的诸多社会因素（Collins & Pinch，2005）。此处笔者仅试图从实验方法论角度来评价 RCT 在此案例中是否应当被视为判决的黄金标准。在此意义上，近年来的分子生物学研究提供的因果机制新证据可能会改写故事的结局。根据对不同类型癌细胞及其基因突变位点的背景知识，一系列体外细胞实验中确认了维生素 C 杀灭癌细胞过程的机制，由此演绎得出的预测也在移植肿瘤的小鼠实验中得到了证实（Chen et al.，2008；Mamede et al.，2011；Kraiser，2015；Yun et al.，2015）。

概括来说，该机制表征了如图 4.1 所示的过程：首先，具有 KARS 和 BRAF 基因突变的结肠癌细胞会异常地大量合成葡萄糖载体蛋白 GLUT1。因此癌症细胞在得以大量摄取葡萄糖的同时也摄取了与之分子

表 4.1 每位干预组患者与其对应的 10 位对照患者的生存时间比较

案例编号	原发性肿瘤类型	性别	年龄	生存时间(天)												
				十位匹配患者												
				个体情况										平均值	干预组	干预组/控制组平均值(%)
1	胃	女	61	12	41	5	29	85	124	8	54	21	36	38.5	121	314
2	胃	男	69	8	6	3	9	4	26	8	114	15	14	20.7	12	58
3	胃	女	62	15	1	72	19	19	27	35	99	76	111	47.4	9	19
4	胃	女	66	4	87	7	11	3	13	12	6	34	35	21.2	18	85
5	胃	男	42	8	1	74	358	9	84	14	16	16	128	70.8	258	368

部分列出,完整表格见 Cameron & Pauling, 1976, pp. 3686-3687,著者译

表 4.2 各类癌症及整体生存时间相对于对照组提升的显著性分析

干预组癌症类型(人数)	干预组平均生存时间(天)	对照组平均生存时间(天)	干预组平均生存时间/对照组平均生存时间	全体平均生存时间(天)	干预组高于全体平均生存时间占比(%)	控制组高于全体平均生存时间占比(%)	两组比值的 χ^2	相应的 p 值(单侧)
支气管(15)	136	38.5	3.53	47	47	8.7	24.5	$\ll 0.0001$
结肠(13)	282	37.0	7.61	59	54	20	7.63	< 0.003
胃(13)	98.9	37.9	2.61	43	46	17	6.41	< 0.006
乳腺(11)	367	64.0	5.75	91	55	22	5.74	< 0.026
肾(9)	333	64.0	5.21	88	67	22	8.35	< 0.002
膀胱(7)	196	43.6	4.49	57	57	20	4.90	< 0.028
直肠(7)	226	55.5	4.10	71	86	33	7.57	< 0.003
卵巢(6)	148	71.0	2.08	78	83	30	6.83	< 0.005
其他(19)	172	56.8	3.03	67	53	27	5.28	< 0.027
合计(100)	209.6	50.4	4.16	65	60	25.7	55.02	$\ll 0.0001$

Cameron & Pauling, 1976, p. 3688,著者译

构型相似的脱氢抗坏血酸 DHA。接下来，DHA 在细胞内还原为维生素 C 并形成高浓度过氧化氢自由基，进而产生细胞毒性。正常细胞不会吸收过量的 DHA，因此细胞间高浓度的维生素 C 环境可以选择性地造成特定癌细胞死亡（Frei & Lawson，2008）。由此可知，通过静脉注射实现的高浓度维生素 C 环境可以杀灭癌细胞。在动物实验中，移植至小鼠的肿瘤体积在注射维生素 C 后出现了明显下降（Yun et al.，2015）。

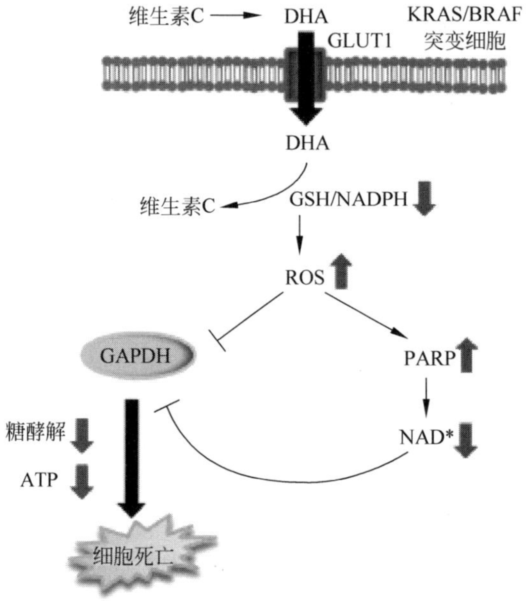

图 4.1　维生素 C 选择性破坏癌细胞的分子机理

Yun et al.，2015

从新的机制证据来看，莫特尔的 RCT 实施设计（如口服给药、被试选择标准）可能会掩盖维生素 C 的疗效。而在有了机制证据提供的背景知识和实施建议之后，研究者显然可以设计更有针对性的 RCT 方案。因果机制证据受到了忽视，甚至没有被纳入研究方法等级，这部分是因为相关领域中尚缺少作为推理基础的成熟理论和机制，而政策和疗效评估的实际需求又迫切需要科学家提供可靠的经验证据。理想 RCT 不依赖理论假设和统计方法的特点使之容易推广和普及，因此很快得以普及，占据了研究方法的至高位置。但这并不意味着忽视机制证据是适当的。

另一个历史上关于维生素 C 的故事同样说明了因果机制信息的重要

性。林德(James Lind)1747 年对柑橘类水果治疗坏血病的研究是最早的对照实验之一。在长期航海的旅程中,由于缺少摄入新鲜水果和蔬菜,大量水手死于坏血病。因此在这之后,英国海军通过规定航船必须携带充足的柑橘,成功减少了坏血病的影响。然而,这一早该被消灭和预防的疾病却在 19 世纪末的极地考察中击溃了英国的探险队。这一悲剧发生的原因在于当时对于柑橘治疗坏血病的因果机制的错误认知。在林德之后,医生们通常认为柑橘是通过其中的酸性物质来治疗坏血病的。因此,人们开始使用更便宜的柠檬,甚至是通过加热提纯后得到的柠檬汁来替代新鲜的柑橘。极地考察队正是饮用了这种柠檬汁,而没有成功地阻止坏血病的发生(珀尔,麦肯齐,2019)[277]。直到 1930 年维生素 C 被分离出来,医学界才了解到正确的因果机制。

4.2.4　小结

维生素 C 疗法的早期争论涉及科学发展与决策中的诸多社会因素,本书的介绍省略了双方研究者、科研基金、学术协会以及媒体等角色的多方互动,以及值得注意的当时英美临床医学研究方法的传统与偏好差异①。笔者对以上案例的讨论仅限于实验方法角度,试图呈现队列研究等非随机试验证据与分子生物学实验提供的证据均具有一定程度的因果说明效力,因此 RCT 的判决性角色并非适当。虽然短期来看,在缺乏背景知识信息时,使用 RCT 研究结论作为判定标准也许更符合科学共同体和公众层面的利益(Collins & Pinch,2005);但当我们希望说明如何通过实验获取长期来看可靠的科学知识时,不应该对多元方法采取有规范性倾向的等级制图式,而是考察各方法如何能够以及在何种程度上可以提供相互补充的局部因果说明。这种互补关系可以通过分析特定方法中对 $\boldsymbol{I}(x,\boldsymbol{E},\boldsymbol{B})$ 涉及的各个变量维度和取值的可控程度来确定相对位置关系。

例如,早期的 RCT 研究提供了对口服维生素 C 疗法在一般结肠癌晚期治疗中的因果效应估计,并且认为此疗法无效。考虑到当时几乎没有可以用以指导试验设计的相关模型和理论知识,因此该试验设计中背景知识变量的维度和取值都缺乏信息,如应该如何给药以达到有效药物浓度、如何

① 柯林斯和平奇指出,美国更加推崇 RCT 方法作为疗效检测的标准,英国则常用观察式研究。当时美国和英国采取不同的标准治疗程序,前者常用手术、放射疗法、化学疗法等破坏性手段,英国则倾向于使用副作用较少的保守药物治疗。这些因素都对实验设计有所影响。

监测药物浓度水平、如何设置试验终点等。此外，鲍林和卡梅伦还论及二者研究的重要差异，如患者是否住院、早期化疗的损伤程度，以及英美的常用治疗方案差异等，这些因素属于早期不易被察觉的环境变量。因此综合来看，梅奥诊所的研究虽符合学界对于RCT方法无偏估计和内部有效的方法论构想，但其结论不该外推至对维生素C疗法的判决性检验。

卡梅伦的队列研究呈现了较大量样本的观察数据，且对每位患者进行了细致的随访记录，因而包含了丰富的环境信息。但是队列研究无法承诺无偏估计，更是不能对因果机制进行更多细节说明：数据和病例中承载复杂的环境信息需要理论的进一步筛选分析。因此，准实验和观察类研究方法(quasi-experiments and observational study，QEO)只能初步地通过干预来考察因果关系，不过其收集和归纳的环境变量信息也同样具有价值。

分子生物学的实验研究充分利用了现有背景理论知识，其研究结论呈现了精确的局部因果机制，为进一步设计准确的RCT提供了理论框架，如选取适当症状的病患作为样本、设计干预的实施细节、建立合理的监测方式等。但是，实验室研究最多只能进行到模式生物层面，或是志愿者在非生活环境中的模拟行为研究；疗效评估必须通过临床测试回归真实患者和场景。

综合来看，在临床医学领域，QEO研究(包括队列研究、自然实验、横断面研究、案例控制研究，等等)、分子生物学实验、RCT等多元实验方法之间的关联应当是相互补充的。证据等级描述了实验方法所提供的因果推理内部有效性程度的排序，但并不意味着某种方法应该成为研究设计的终极目标，也不意味着科学争论的解决具有方法选择上的判决标准。

通过案例研究不难看出RCT的优缺点：高度内部有效性以及难以将其外推至一般。RCT不该被视为黄金标准式的“判决性试验”，而是承载了单次试验中具体环境信息和当前背景知识水平的局部因果拼图。此时的RCT可与其他研究方法提供的因果信息进行相互补充和修正，共同作为累积性(cumulative)科学的一部分经验基础。本书通过维生素C癌症疗法的案例说明，若能够在局部的意义上理解和结合不同研究方法，有利于消解科学争论并推动科学发展。

本节尝试使用因果结构模型构造多元实验方法的评价框架，即通过评估实验设计和实施中对 n 维输入向量 $\boldsymbol{I}$ 中各类变量的认识和操控程度来判断其产生的因果推理的有效程度。$\boldsymbol{I}$ 中，在理论假说要求考察的一系列自变量 x 之外，还包括单次实验中研究对象和外部环境特征所构成的环境变

量 ***E*** 以及当前背景知识(包括模型和理论)水平 ***B***。在实验室中,实验者通常具备关于环境变量的充分知识和定量操控的能力,因此传统实验观中环境因素易于固定且可被省略。但是,社会科学和医学领域中的环境变量还包括了不应被忽略的社会、文化、行为模式等因素,因此在这些领域进行实验时,应该同等重视其中的具体环境变量。

在因果概念的科学哲学研究中经常论及背景知识的影响,如:萨尔蒙(Wesley Salmon)对亨普尔说明模型的不相关反驳、对因果动词是否成立进行判断(王巍,2011)、修正甚至推翻先前的因果推理(徐竹,2011),等等。上述讨论关注了背景知识与理论、说明的关系,较少涉及背景知识在基于实验证据的因果关系研究中如何发挥作用。卡特赖特和杜弗洛虽对 RCT 分别持批评和支持态度,但她们都同意 RCT 在使用过程中应该与模型和理论知识进行充分结合。问题是,实验和统计学分析工具如何能与背景知识实现充分结合?除了作为待检验假说的辅助条件,背景知识是否在实验的其他环节中发挥作用?笔者认为,探究多元实验方法背后的设计原理有助于展示各类实验如何因地制宜地结合当前学科的理论发展来完成背景知识的装载;反过来,对背景知识的利用程度也可以用作实验的方法论评价标准之一。

4.3　什么是随机

> 可以确定,任何考虑用算术方法产生随机数字的人都在犯下大错。正如已经多次指出的,没有所谓的随机数——只有产生随机数的方法,而一个严格的算术程序肯定不是这样的方法。
>
> ——冯·诺依曼(von Neumann,1951)

4.3.1　随机化的数学意义

"随机"一词普遍出现于统计学和概率论的相关表述中。比如"随机从盒子中取出一个小球",或者"数据点随机地分布在拟合曲线两侧"。但是这一术语的确切含义却并不容易说清。直觉上,随机性通常被赋予一个满足确定概率分布的、其特定结果却不可预测的系统或过程,因而可以说随机性是统计层面的规律性以及独立事件的不确定性的综合结果。同时,理解统计规律性又需要以随机为基本概念，对其的刻画建立在“一系列实质上随机的且相互独立的变量”之上（Myrvold，2021）[3]。如果缺少了随机事件作为基本的均匀等概率单元，统计规律性是难以想象的。

基于随机性和概率的紧密联系，我们不妨从概率的定义中探寻随机的具体含义。传统上，对概率的认识主要被分为频率论和贝叶斯主义两类观点①（Hájek，2012）。前者将概率视为频率的极限，而后者认为概率是个体基于自己的知识和经验对事件可能性的预测。然而，这两种不同的概率观念框架下，对随机性的理解却是相似的。

对于频率论者，譬如冯·米塞斯（Ludwig von Mises）而言，一个不可预测的序列就是随机序列。因此他用无法“实现成功预测的赌博策略”来说明随机的特征，即如果我们在没有事先掌握相关知识的情况下，不能够设计出一个系统或程序来对某序列的一次特定结果进行准确预测的话，那么该序列就是一个随机序列（Dasgupta，2011）。对于贝叶斯主义者，如果没有充分的理由对不同事件的发生给出不同程度的信念，那么这些事件就是随机事件。因此这也被称为“无差别原则”，或曰不充分理由原则（Bennett，2011）。由此可见，无论是频率论还是贝叶斯主义，随机性都意味着均匀的不可预测性，正如经典的抛硬币模型一样。人们只能借助某种可靠的、具有随机特征的系统（或模型）来切实地生成随机序列，而不能以可预知的方式来计算得到，否则就与“不可预测”的要求相矛盾。

但问题是，随机系统的不可预测性反过来使得我们不能保证其所生成随机序列的“质量”。不难设想，即便所用的系统符合要求，也可能出现连续十次的抛硬币后得到十次正面朝上的情形。这样的一个结果序列的生成过程在定义上满足随机的要求，而其结果本身却可能被认为是随机性较差的。

因此，在数学上有必要区分过程随机和结果随机两种层次的随机性，并且更有希望的进路是关注结果序列的性质，过程随机最好是“留在黑箱里”（Dasgupta，2011）。伊格尔（Eagle，2016）同样认为也应该将随机过程与随机序列分开研究，因为“有一些（好的）随机序列并非通过几率产生；而有时，重复使用随机过程也并不能产生随机序列。”目前，数学家提供了三种方式来检验随机序列的质量，即考察其不可预测性、典型性，以及不可压缩性（Dasgupta，2011）。

其中，不可预测性运用了冯·米塞斯的思路来考察是否能够找到一个

① 为了将讨论限于实证和应用研究领域，这里不讨论概率的逻辑解释。

策略来对无限序列的特定结果进行预测。典型性进路定义了序列的"特殊性"：若一个序列的某个特征发生的概率为 0，那这个特征就是"特殊"(special)的；反之，若某个特征发生的概率是 1，那么该特征就是"典型"(typical)的。例如，在一个无限二元序列中，不存在七个连续的 0 的可能性是 0，因此该特征是特殊的。因此，将随机性定义为典型性意味着对一个无限序列而言，不可能有效地找到该序列的特殊特征。这也被称为马丁-洛夫(Martin-Löf)随机性。最后，"压缩"是指将一个有限序列用一个更短的程序表示出来，例如用"将 010 重复三次"来代替"010010010"。可见，若一个序列具有某种规律性，那么这个规律越简洁，该序列的所包含的信息就越少，因而也就越不随机。这是柯尔莫哥洛夫复杂性(Kolmogorov Complexity)进路的基本思想。它的贡献在于提供了一种评估序列随机性的方法：若一个序列的最短描述和自己原本的长度相同，那么这个序列是随机的。从字面上很容易理解这一定义，即随机序列是难以"压缩"的。这三种方式虽然看起来基于完全独立的思路，但后来被证明是等价的(Dasgupta，2011)。因而针对结果序列的算法随机性从数学研究的角度被看作是理解随机概念的一个充分的数学基础。

但是，这种对特定随机序列的评估方法虽然能够回答序列的"质量"如何(换言之，可以计算随机性程度的大小)，其在概念上并没有在不可预测性之外提供更多对于随机性的理解，也对于认识过程随机的本质没有太大的启示。对本书而言，我们则需要重新试图理解这一"黑箱"，因为对于实验者和实验设计而言，随机化通常意味着使用一个在数学上并不可靠的随机系统或随机过程，而并非使用一个高质量的随机序列。从最早的随机化实验设计开始(Hacking，1988；Fisher，1935)，实验者们始终在应用物理随机系统如抽取扑克牌、抛硬币和掷骰子。而这些物理设备何以被用作可靠的随机系统却缺少解释。例如，菲舍尔是如此描述随机设备的应用的：

> ……这样的一个分配即为随机分配。这并非指实验者以任意方式写下变量的分组，而是需要使用能够保证每个变量有均等机会在任意一块土地单元上进行实验测试的手段，去实施一个物理的随机化实验过程。举例来说，一个适当的方法是使用从 1 至 100 编号的卡片，通过反复多次洗牌来进行随机排序。(Fisher，1935)[56]

显然，菲舍尔的描述不涉及任何算法意义上的随机性，而是要求通过物理系统实现的过程随机；前者在实验中也是难以应用的。原则上，实验者不能事先知道实验分组的具体情况，以防止无意识的分组偏误，因此实验者就不能使用一个在检查过程中已知的随机序列来分组。这一要求在临床随机对照试验中尤其受到重视。虽然今天的实际实验研究中可以借助随机数表和随机数生成程序来完成分组，并且实验者通常会认为这些分组工具更加便捷可靠。但是，这些手段原则上都使用了确定性的程序来生成随机数，其结果序列虽然随机性通常较高，却并不满足过程随机的要求。而且，实验者几乎不会在实验设计中强调“检验随机序列质量”作为实验的必要步骤。

但这并不意味着实验者不会进行对随机化分组的检验；恰恰相反，对随机化分组的质量检验是实验设计中的重要环节。因此接下来需要解答的问题是：实验者是如何在实验设计中实施和评估随机化分组的？相关的原则和难题是什么？与此同时，本节希望强调的是，从数学研究的现有结论来看，过程随机与结果随机是两个截然不同的概念，它们也并不必然地导致对方：一个随机系统完全可以产生一个有序的结果序列，而一个高质量的随机序列可以通过确定性的程序、以伪随机的方式产生。虽然数学方法可以用来描述一个特定序列的随机性大小，却无法保证随机物理过程总是产生高质量的随机序列。因此，随机过程只能确保的是机会均等(equality of chance)，随机序列则意味着结果均等(equality of outcome)，后者才是实验设计希望达到的理想分组效果。

4.3.2 随机化的实验意义

接下来我们通过实验者对于理想实验设计的说明来考察随机化的实验意义。虽然随机对照实验被冠以“随机”的名称，但随机化在许多实验设计指导书中的说明文字总是很简略。笔者总结了医学和经济学实验设计教材中引入随机化技术的基本逻辑，即：这是一个在潜在因果推理框架下可以用来解决分组偏误问题的可靠策略。它基本呈现为以下五个步骤。

(a) 潜在因果：在实验干预后，干预组和对照组之间的差异表示了目标因果效应的大小。

(b) 选择偏误：在分组中，可能存在的选择偏误干扰了对因果效应的正确估计。

(c) 随机化：使用随机系统对实验对象进行分组能够客观地确保每个样本都有均等的几率。

(d) 均匀分组：如果适当地实施了随机分组，那么实验对象的特征在干预组和对照组之间是平衡的。

(e) 消除偏误：随机化可以消除选择偏误以及未知混杂因素的影响。

下面逐个来说明各个步骤的具体含义。

在社会科学和生物医学领域中，反事实潜在因果推理框架(a)已经成为随机对照实验者共识性的理论基础(Rubin，1974；Holland，1986)。如果想要探究特定事件或者疗法的因果效应，那么研究者需要将干预后的结果与反事实结果相比较。所谓反事实结果即设想同一对象和情景中，如果干预没有实施时的结果。例如："这位患者如果没有吃药，他的恢复情况会如何?""如果这些学生在一个规模更小的班级中学习，他们的成绩会如何?"等。显然，受到被试对象自身能力(自愈能力、学习能力)的影响，无法简单地将干预情景下的结果直接看作是干预带来的因果效应。因此研究者需要"找出发生在几乎一致的另一组没有接受干预的实验对象身上的平均效应"，来作为对照的"本底值"(Duflo et al.，2007)[3899]。

步骤(b)是此类实验设计中需要克服的最大问题。根据反事实结果的要求，两组实验对象应该尽可能地相似，甚至做到完全相同。任何偏离这一理想状况的差异都有可能成为最终因果效应估算值的误差。选择偏误即为这一系统性组间差异的主要来源，它是由分配样本时有意或无意的偏向性造成的。有时，这一偏误内嵌于研究问题的具体语境中，很难完全消除，例如，"当个体或群体被选择作为被试对象接受干预时，他们之所以会被选择的基于的特征(如年龄、职业、性别等)可能也会影响他们的结果，并且很难将实验干预的影响与促成样本选择的因素分开。"(Duflo et al.，2007)这些将会影响研究结果外部有效性的偏误也可能在研究初期就被引入实验，比如样本的自我选择(self-selection)，即在被试者被问及是否同意参与实验时的偏好差异；愿意参加实验的人可能具有某种未知的相似特征(Berger，2005)[IX]。实验项目开展的地理位置同样意味着一些共同特征(Duflo et al.，2007)。比如在劳动经济学中，评估政府补贴培训项目的效果时，对项目参与者与非参与者的观察性比较研究往往显示项目参与者的收入较低；而使用随机对照实验对培训项目结果进行评估的结果则相反地显示出了非常正向的效应。一种可能的解释是，参与培训项目的往往是那些收入潜力较低的人；而一旦参加者被随机化之后，这一选择偏误的来源就被消除了，从而揭示了截然相反的评估结果。

接下来，步骤(c)表述了实验者对于随机化的定义，即：使用一个物理的随机系统或过程来进行分组。注意，这里说的并不是使用一个可靠的随机序列。正如上一节引用的菲舍尔的表述所明确的那样,反复洗牌的编号扑克牌就是一种好的方法。霍尔(Hall,2007)在关于随机对照实验发展历史的文章中总结道,“使用严格的随机化设备,无论是卡片或随机数字表,还是类似的东西,再加上充分的复制,都将确保任何治疗都没有任何优势或劣势。”可以看出,实验设计并未对随机化设备提出严格的要求,也没有明确定义,而是将其视为一种可以直觉上理解的手段。科学哲学家利维(Isaac Levi)对随机过程给出了一个较为少见的抽象说明:

> 某个方法或过程是一种随机选择方法,仅当(i)使用该方法能够在 n 个分配方式中任意选择,且(ii)在应用该方法时,选择其中任意一个分配方式的统计概率或几率与任何其他分配的概率的值相同且为 $1/n$。(Levi,1982)[449]

利维的定义明确地以“机会均等”作为随机过程的核心特征,而完全不涉及其产生的结果序列的随机性程度。类似地,在医学领域中,由于随机对照实验较早地受到了重视,围绕随机分组手段的相关论述提出了更加明确的要求(Berger,2005)。例如,舒尔茨和格兰姆斯(Schulz & Grimes,2019)[131] 在临床随机对照实验指导书中强调,“研究人员应该摒弃所有系统的、非随机的分配方法。试验参与者应根据随机过程被分配到对照组。简单(无限制)随机化,类似于重复扔硬币,是最基本的序列生成方法。此外,无论其复杂性和复杂程度如何,没有任何其他方法能超过简单的随机法来防止偏见”。采用物理随机过程来实时生成随机序列的好处之一是防止实验者认为调整分组结果:“第一,必须基于随机过程生成不可预测的分配序列。第二,必须通过一种分配机制(分配隐藏过程)确保严格执行该计划,该机制可以防止预先知道治疗分配”(Schulz & Grimes,2019)。尽管有人反对将隐藏分配过程添加为随机化的必要环节(Berger & Bears,2003),他们依然同意随机化应该严格定义分配序列的生成方式,即约束随机过程的具体机制。无论如何,参照舒尔茨对于“伪装成随机方法的非随机方法”的论述(Schulz & Grimes,2019)[133],可以看出,实验设计所要求的分组方法正是能够提供机会均等的随机过程,而无须考虑随机序列的实际质量。

步骤(d)将随机过程的性质与实验设计的统计学特点联系了起来,这是实验者希望在实验设计中论证的最终观点。正如菲舍尔所阐释的,“通过完整的随机程序可以保证显著性检验的有效性,防止受到未消除的干扰因素的影响”(Fisher,1935)[23]。然而,均匀分组(d)附加了一项要求,即“适当实施的随机化”，这似乎暗示着仅仅使用物理随机过程仍有不足，而需要附加一些要求。如果随机化只是抛一枚均匀的硬币或骰子就可以完成分组，那么“适当实施”这个要求似乎就没什么值得一提的。事实上，实验者提出了多种实践性的修正技术来调整不那么令人满意的随机化分组结果。一个值得注意的例子是“有偏硬币”(biased-coin)，它能够帮助实验者“在实现均匀分组的同时保留简单随机化过程的大部分不可预测性”(Schulz & Grimes，2019)[139]。使用有偏硬币方法指的是，首先，我们使用普通的均匀硬币进行分组，然后，如果分组结果逐渐显示出了偏离(两组之间的差异出现了稳定的增加)，那么就应该改换一个有偏的不均匀硬币来调整分组的几率(如，从 1∶1 调整为 6∶4)，并实现最终分组的均匀。在实际应用中，这一调整比例通常可以高达 0.85(Lauzon et al.，2020)。这一策略的存在说明：常规的随机物理系统并不能真正满足实验设计的要求和目标。并且，该例子显示了实验设计中隐含的规则：实验者应当反复多次尝试随机化(抛硬币)，或是引入某种调整机制，直到分组结果满足某种标准——干预组和对照组之间显而易见的数量平衡。

考虑到调整技巧的普遍性，看到类似于“对于一个随机对照实验，其首要问题就是看其中的随机化是否成功地实现了研究对象各个特征在分组之间的”的表述就并不奇怪了(Angrist & Pischke，2009)[18]。实验者并不会否认他们会采取诸如“对组间的干预前特征或其他共变量进行比较”的评估(ibid)。并且，如果实验设计中缺少了这样的干预前测试环节，这一设计应当被视为是有缺陷的。这指向了新的问题：分配结果评估的确切标准是怎样的？这一问题的答案刻画了实验者心中“适当的随机分配”应该满足的要求。

最后，步骤(e)是为随机化策略的正当性进行辩护的主要论证。它集中地将随机化操作与选择偏误这一实验难题的排除联系起来。例如，“能够实现完全地消除选择偏误的情景是，将个体或小组随机分配至干预组和对照组”(Duflo et al.，2007)。退一步说，步骤(e)至少应该被当作是随机实验设计的必要假设，如“随机分配解决了选择偏误问题，因为随机分配使得分配变量独立于潜在结果。这并不意味着随机试验是毫无问题的，但是原则上它解决了经验研究中更加重要的问题，也就是，随机分配消除了选择偏误。”(Angrist & Pischke，2009)这样的一种态度也常见于医学领域，正如沃勒尔总结的那样：“有些令人惊讶的是，在随机实验支持者的官方学说中，随机对照实验在定义上就是无偏的。”(Worrall，2007b)。

4.3.3 检验随机化

前面的论述希望引发的讨论是：随机化并不像实验设计中宣称的那样可以简单、直接地消除选择偏误。那么，实验者是否实际上采取了更复杂的手段来确保这一目的的实现呢？答案是肯定的。即，在步骤(d)“均匀分组”和步骤(e)“消除偏误”之间，还存在一个重要的环节：(d′)“检验随机化”。通过(d′)，随机序列的性质才与样本分配的最终目标建立起了联系。这一目标即为实现干预组和对照组之间的平衡(balance)。

(d′)的存在往往见于对实验设计的评价中，而不是直接写在实验设计部分。上一节谈到，均匀分组并不是在使用了随机过程进行分配之后立刻就得以实现的，因此我们常常能够见到如下表述：“如果能够成功实施，那么随机化将会规避已知或未知的预后因素的影响。”(Higgins et al.，2021)[8.3]，此处的“如果”意味着其他辅助手段的引入。总的来说，存在两种手段来确保随机化的质量：修改随机化设计，或是增加随机化检验。

前者通常意味着对随机化过程附加一些要求。例如，在国际权威循证医学组织在线上发布的《考克兰干预系统综述手册》(*Cochrane Handbook for Systematic Reviews of Interventions*)中，除了不受限的简单随机化之外，还有区组随机化、分层随机化、最小化等改进型随机化方法“以确保干预组和对照组能够达到理想的分组比例(例如 1∶1)”(Higgins et al.，2021)[8.3.1]，从而确保消除选择偏误。这些新的策略还在不断地更新发展，如“最小充分平衡法”(minimal sufficient balance，MSB，Zhao et al.，2015)。

即便借助了这些策略，研究者们依然需要面对基线不均衡(baseline imbalance)问题。由于实验对象个体间总是存在差异，组间可能会存在较为明显的特征区别，这一问题在样本数量较小时尤其明显。这使得上述改进策略会引入随机分配与基线差异之间的权衡：如果分组完全由机会均等的随机过程来决定，那么可能会导致难以接受的偏斜结果(例如遇到 10 次抛硬币中 8 次正面向上；这在有偏硬币的例子中是可以见到的)；而人为调整随机过程策略的引入不可避免地带来了选择性，可能会造成潜在的系统性偏误。更糟糕的是，对于基线不均衡，研究者只能计算其中由已知因素造成的部分，而不能确定未知共混因素的效应大小。正如罗伯茨和托格森提到的，“应该根据对结果的影响因素的先验知识来调整因果分析所依据的基线特征，而不是根据试验中各组之间失衡的情况来确定”，并且这些信息都应该如实地在实验报告中反应。不过这样一来，新的相关知识的出现将会挑战过去那些试验的可靠性，因此对特定因果效应的随机对照实验研究并非一蹴而就。

上述修改随机化设计的事前预防手段存在的问题使得研究者们转而考虑在随机化之后增加检验程序，来确保对于特定的分组方式的特征获得充分的信息。在经典经济学教材《基本无害的计量经济学》中，安格里斯特和皮施克将随机对照实验作为因果研究的基准（benchmark），以讨论其他准实验方法的设计思路。在第二章"理想实验"中，他们首先介绍了反事实潜在因果推理框架和选择偏误的影响，并提示读者们：非实验研究面临着更多的选择偏误。此时，引入随机化是必要的。在这样一个典型的论证程序之后，他们以田纳西 STAR（Student Teacher Achievement Ratio，师生学业成绩比例）项目作为 RCT 的模板案例来分析好的实验设计应该是怎样的。STAR 项目将小学学生随机分配至不同人数规模的班级中，来解答教育学中的一个经典问题：小班教学是否能够提高学生的学术表现？

尽管这项研究中缺乏干预前对学生原先学术表现的分组状况评估，安格里斯特和皮施克认为通过干预后对于各组的潜在干扰因素的显著性差异测试表明，组间平衡要求已经得到了满足。他们比较并列出了 6 项潜在干扰因素，包括：免费午餐（用来表示家庭收入情况）、种族、年龄、退学率（下一年级开学时退学的人数比例）、幼儿园时所在的班级规模、幼儿园时的百分等级。通过对两组之中每一项因素进行零假设检验、计算 p 值，表明两组实验对象之间在六个因素上都没有呈现出显著差异，从而认定达成了均匀分组的目标，因此其"随机分配是成功的"（Angrist & Pischke，2009）[18]。

在安格里斯特和皮施克对 STAR 项目的评价分析中，有两点值得注意。其一，实验者确实会采取其他手段来检验随机化分配的质量。其二，该检验主要体现为对分配后各组的已知（或假设）影响因素的均匀性的零假设检验。类似地，事先改进随机化的手段也采取了类似的操作，例如在 MSB 和最小化方法中，设计者通过考察 11 种共变量是否能够通过零假设检验来确认模拟随机化的结果是否足够均衡（Lauzon，2020）。显然，我们无法通过未知影响因素来检查随机化的质量，只要它们还是"未知"的。因此，与常见的表述相反，从实践的角度来看，随机化并不能直接平衡所有的已知和未知混杂因素。随机物理过程的"机会均等"特征并不与实验设计的"结果均等"的目标相匹配。与此同时，现有的改进和修正方法其实仅仅考察了已知的影响因素是否被平衡，并反过来作为调整分组的依据；而我们实际上并不掌握任何可以用来应对未知影响因素的方法。

4.3.4 小结：随机化可以消除偏误吗?

4.3.1节首先介绍了数学理论中的随机性概念：过程随机无法给出严格的数学定义，结果随机的程度则可通过柯尔莫哥洛夫复杂性等方法进行计算和评估。过程随机无论在概率理论还是实验者的论述中都意味着其结果中诸事件的发生机会均等，而其产生的某一侧具体结果序列的随机性原则上是无法预测的。其次，通过考察实验设计的教学论述可以发现，在论证引入随机化策略的正当性时，实验者省略了“均匀分组”与“消除偏误”中间隐含的“检验随机化”环节。正是这一环节回答了“抽样的核心悖论”(the Central Paradox of Sampling)：对于完全一致的分组结果，如果是实验者根据自己的判断安排的，那么这是不可用于实验推理的；而如果这是通过随机过程生成的，就完全没有问题(Stuart，1962)[12]。现在我们可以理解，随机化检验提供了实际上用于判断的客观标准。相关的补正策略以及分组后检验的基本思路是选取；一系列目标因果关系之外的已知干扰因素，借助零假设检验考察它们在干预组和实验组之间是否没有显著差异。上述实例说明，基于物理过程的随机化并不像实验者宣称的那样可以直接消除选择偏误。

但是，这并不意味着随机对照实验具有根本性的危机。一方面由于社会和人类科学研究对象自身的复杂性，未知因素总是不可穷尽的；但是这些因素是否能够显著地干扰研究者对于目标因果效应的计算，答案可能通常是否定的。另一方面，随机化检验过程中选取已知干扰因素的环节，实质上引入了背景知识、理论假设以及现有的研究结果。这些知识在一个稳定的研究范式中可以充分地充当“指示剂”，可靠地表明分组的均匀性，因此基于反事实潜在结果的因果推理是可行的。但问题在于，这样的状况实际上消解了随机化过程的必要性：在逻辑上，对样本进行匹配使用的是同样的思路。随机化和匹配两种分组策略的比较问题将在第5章末进行更进一步地讨论。

4.4 展望：证据综合方法能否缓解可重复危机?

随机对照实验作为一种严格受控实验，其直接结论建立在小样本研究对象之上，因而受潜在的随机误差影响较大；另一方面，该结论能在多大程度上推广至其他样本——即实验的外部有效性——常常受到质疑(Deaton

& Cartwright，2018）。为了解决此类问题，一种主流思路是对同主题 RCT 进行元分析（meta-analysis，也称荟萃分析），即通过统计学方法将多个独立随机对照实验研究结果进行评估并结合，从而对更大样本范围中的干预效应进行整体性测算（Borenstein et al.，2009）。相比另外的定性证据综合方法，如叙述性综述（narrative review）、共识会议（consensus conference）等，荟萃分析的定量特征原则上避免了研究者按照个人偏好选取特定的综述范围，有助于得到覆盖面广、客观性强的评价结论（Knipschild，1994）。

至 20 世纪 90 年代，医学领域平均每年发表数百篇荟萃分析；而 2010 年，这一数字超过了每年两千篇（Sutton & Higgins，2008）。在新近版本的证据等级中，对 RCT 的元分析占据了最高的位置（Murad et al.，2016），似乎成为更强的方法论“白金标准”（Stegenga，2011）。但是元分析面临着两个突出的问题：一是它违背了科学研究的证据多样性（variety of evidence）论题。这一论题最早由卡尔纳普提出，即多样性更加丰富的证据比其少数几种证据更能支持一个理论假说。而元分析严格上来说只能综合可控对照实验的结果，这就使得在“证据等级”时代的循证医学越来越向着单一种类的证据倾斜。二是如何处理不同元分析之间的矛盾结论。由于原始数据筛选、效应度量标准、研究质量评估等多个环节并没有标准化的操作规定，不同研究者对同一主题的元分析结果并不完全一致，有时甚至会出现矛盾的结论（Linde & Willich，2003）。

2019 年，哲学期刊《综合》（*Synthese*）第 196 期推出了《科学中的证据综合》专题，将“元分析的哲学”列为六个研究问题之一，并指出围绕元分析的哲学概念和认识论讨论尚有很大的空缺（Fletcher et al.，2019）。目前对于该问题的讨论侧重于科学的社会结构如何影响元分析的客观性和说服力，且主要集中于生物医学领域。

剑桥大学科学哲学教授斯特根纳（Jacob Stegenga）指出，在认识论层面，证据综合方法应满足两个目的：约束性和客观性，即约束那些对理论假说过于主观的评价，并减少主观偏差对研究结论的影响（Stegenga，2011）。而元分析中的文献筛选和数据处理环节中涉及大量具有主观性的选择标准，这使得元分析本身并不能实现其所声称的客观综合与评价。不同元分析之间的矛盾结果无法进一步得到评判；有时甚至呈现出与科研资助来源之间的相关性。斯特根纳最终回到证据多样性论题，并以流行病学家希尔（Hill，1965）的九条因果推理策略为例给出了一个证据综合推理标准的范例。

霍尔曼(Holman,2018)则基于抗抑郁症药物研究的新进展对斯特根纳的论证进行了反驳。他强调,元分析和其他进展中的科学研究一样是动态的、不断自我修正的,随着其统计学工具的发展终将可以解决选择标准的不明确,以及社会结构的干扰。他以 PRISMA 等元分析测评工具为例展示了其修正数据选择偏误和发表偏误的作用。霍尔曼进一步认为,科学哲学家在提出科学研究的政策导向性建议之前,应该进行更加充分的案例讨论。二者的观点可谓是针锋相对,未能达成共识。

对元分析的哲学研究能够沟通随机对照实验与可重复性问题,而其作为一种证据综合方法,在科研文献发表数量指数级增加的今天,对于理解科学理论和知识的构建与整合将会具有重要意义。

第5章　自然实验

5.1　初步认识自然实验

5.1.1　经典案例

自然实验现已成为社会科学研究的重要方法。从1990年至今，发表在主流学术期刊上的标题或摘要中包含“自然实验”的文章数量快速增长。在研究主题方面，自然实验涉及了社会科学的各个领域。人类学家、地理学家和历史学家的自然实验研究主题从非洲奴隶贸易延伸至殖民主义的长期后果。政治学则利用自然实验探究了普选权扩张的原因和影响、征兵制度的政治效应以及竞选捐款的回报收益。经济学更是自然实验最为高产的领域，他们充分研究了劳动市场、教育形式，以及经济发展促进机构的作用(Dunning，2008)。

自然实验并非科学研究方法的新发明。从广义上来说，上至天文现象，下至板块运动，都是典型的由自然实施的“实验”。对于其中尤其是不寻常事件的观察、记录和比较，构成了自然实验的基本形态。当然，这种“观察”有赖于研究者敏锐的观察力，以及对细微差异现象的感知。最著名的自然实验当属达尔文对加拉帕戈斯群岛上雀类的物种特征研究。群岛包含了一个个彼此隔绝但气候环境非常类似的小岛。地理位置上的隔绝避免了岛间生物种群的基因交流，因而使得同类物种在有细微差异的自然环境下的不同进化趋势得以体现，这相当于构成了一系列天然的实验室。进化生物学等观察式研究中许多无法在真实实验室获得的重要的研究成果都是从这些田野中的自然实验而来(Mayr，1997)[29]。

在社会科学领域公认最早的自然实验是斯诺对霍乱传播路径的研究。1854年，英国伦敦爆发了霍乱。在救治过程中，斯诺发现医务人员很少被感染，而且到达了疫区港口的水手们在离船登陆之前都不会被感染。因此他对当时流行的空气(瘴气)传播学说产生了怀疑。通过在地图上标注病患的住址，斯诺发现病例多集中于伦敦苏荷区宽街的水泵周围，相反，使用独立水井的啤酒厂几乎没有出现感染病例。由此，斯诺设计了一个自然实验来进行论证：伦敦的供水系统主要由两家公司运营，其在城市内建设的水管分布情况大致相似。其中一家公司恰好于1852年将入水口移至泰晤士河上游，因此避开了伦敦的污水排放区域。斯诺统计了两家公司供水家庭的感染情况，发现采用更洁净水源的家庭中感染比例是另一家公司的十分之一，从而确定了霍乱疫情通过水源传播（Snow，1855）。斯诺的研究为后续在污水中发现霍乱弧菌提供了基础。

此外，重大的社会事件、政策变动等也常常被用作自然实验，这类研究有时被称为"社会实验"或"管理实验"（administrative experiment）。例如"二战"时期，默顿（Robert K. Merton）与美国应用社会研究局（Bureau of Applied Social Research）的研究队伍一同考察了利用广播进行宣传以说服民众并进行债券购买方面的作用（Merton et al.，1946）。1943年，面向美国民众展开了一场长时间的连续广播马拉松宣传活动。在此之前由电台明星进行的两次广播宣传分别售出了100万美元和200万美元的战时债券（war bond），而这场广播马拉松惊人地成功募集了3900万美元。该宣传体现的大规模说服力让默顿马上希望对其展开研究。接下来的几天，他的研究团队对公众进行了约4小时的一对一访谈，并使用情感运载（emotional freight）这一概念来描述广播对个体带来的不断刺激后产生的反应。默顿还在书中对于该实验所代表的一类研究场景所具有的优势进行了细致的讨论。相比搭建一个类似的实验室场景展开研究，默顿认为自然实验在实施干预和实验环境方面具有6个方面的优势（Morgan，2013）[348]：

（1）它提供了真实生活的情景而非人工安排的活动；

（2）债券的购买额提供了被说服的效果的量化指标；

（3）这一场景包含了真实的情感运载，在实验室中则很难做到；

（4）可以对广播的内容进行文本分析（这在其他的说服场景中很难获取）；

（5）实验对象所在的群体非常广泛（而不是"一群倒霉的学生"）；

（6）实验发生在一个稳定的社会文化环境中。

目前国内新近的自然实验研究亦主要集中于这一类型，如：《进口自由化、竞争与本土企业的全要素生产率——基于中国加入WTO的一个自然实验》（简泽 等，2014）、《税收激励和企业投资——基于2004—2009年增值税转型的自然实验》（许伟 等，2016）、《产业政策、资本配置效率与企业全要素生产率——基于中国 2009 年十大产业振兴规划自然实验的经验研究》（钱雪松 等，2018）。

5.1.2　自然与实验

单从字面上看，“自然实验”一词可以对应两种理解。一种看法可以认为这是一个没有意义的词语组合：实验是科学研究的主要手段，而科学的目的正是解释自然，因此实验必然是有关自然的。而按照不少哲学家的理解，现代意义上的实验是科学用来拷问自然的手段；或者如哈金和拉德所言，实验的本质是实现一种实验室中的精确控制，并且创造全新的现象。在这个意义上实验是非自然的，“自然”与“实验”便成为一对矛盾的组合。想要在哲学上理解“自然实验”的含义，需要重新审视实验和自然之间的关系。

人们常说：“科学可以探索自然的奥秘。”出现于希腊化时期的“自然的秘密”隐喻在近两千年时间里支配着自然科学研究。对于这一爱隐藏自身的自然之形象存在着不同态度：哲学家可以选择拒绝寻找这些秘密，转而将精力投入人类自身，即如苏格拉底所做的那样关注于世俗生活中的道德和政治。他们认为，既然自然隐藏了秘密，那么自然一定有很好的理由这样去做。相反地，人类也可以选择去揭示这些秘密。在这一努力揭秘的过程中，有人选择视自然为敌对的客体，或是将人类自身视为属于自然的一部分。前者将试图用技术来肯定自己对自然的操纵、统治和权力，后者则通过审美的技艺静观自然，并在此过程中感知自然逐渐传授给人类的奥秘。

法国哲学家阿多（Pierre Hadot）在《伊西斯的面纱》（*Le voile d'Isis*）一书中以两位古希腊神话人物作为这两种态度的化身。火是人类技术和文明的重要前提之一，从奥林匹斯山上盗取火种的普罗米修斯正象征着通过诡计和强迫来获取自然的秘密力量。在弗朗西斯·培根那里，普罗米修斯是实验科学的奠基者（阿多，2015）[108]。这一精神与圣经《创世记》一脉相承地确认了人类拥有支配和统治自然的权力。阿多将相对立的态度归于俄耳甫斯，这位传说中能用歌声和琴声使万物陶醉的歌手通过旋律、节奏与和谐来参透自然的秘密。用尼采的话来说，这种态度试图尊重“自然的端庄”。这一精神的具体实践可见柏拉图的《蒂迈欧篇》：通过理性的话语，从不可证明的公理出发，构造出一种对宇宙结构的合理描述。

对于自然态度的敌对和支配可见于一种普遍的拷问隐喻。在希波克拉底、培根、居维叶的论述中，可以看到实验作为审讯或是拷问的手段来迫使自然交出秘密（阿多，2015）[105—106]。而这种强调人为干预和控制的实验思想受到了来自多个角度的批评。反对过度好奇心的哲学传统古已有之，这体现为因人的鲁莽或傲慢而招致危险的警告。普罗米修斯为人所熟知的不仅是其为人类盗取火种的英勇传说，还有他受到宙斯无尽惩罚的结局。同样，在伊卡洛斯的故事中，以精良技术制造的双翼最终使他坠海身亡。这些神话寓言暗示了古希腊人对探索自然奥秘的谨慎态度。

对于强迫和改变自然的技术的具体批评有如下三个角度。第一，道德上的担忧，如色诺芬在《回忆苏格拉底》中提到，苏格拉底质疑自然研究的无私利性：一旦人们知道事物产生的必要条件，就会希望随心所欲地生成那些东西。这样的批评在技术过度发展的今天看来不无道理。第二，在方法层面，柏拉图认为人没有足以发现自然秘密的技术手段。他宣称："希望将事实付诸实验检验的人表现出了对人性和神性之区别的无知；只有神足够聪明和强大，能把多合为一，再把一分成多。现在不会有，以后也不会有人能够完成这些任务"(阿多，2015)[36]。第三，经验派的医学传统提示人们：解剖可能永远无法揭示器官运作的秘密；因为生者情绪的波动已经足以改变它们的面貌，经历死亡的过程就更甚。另一种生态视角的批评认为，自然之所以选择隐藏是因为那些事物有害。这种担忧源自对于地下资源和空间的挖掘开采。人们不再满足于土地为我们提供的好东西，而是掘出地下隐藏的事物，而它们带来了奢侈和战争，从而引发了道德沦丧与仇恨。

这些批评展现出了前实验科学时代的一些常见立场。不过，正如阿多所提醒的，我们在真正进行科学活动的人身上往往很容易找到普罗米修斯与俄耳甫斯态度的并存。在哥白尼革命之后的科学家，即使在科学上相信着日心说，也许仍会乐意花时间欣赏太阳"落山"的情境。它们虽然是对立的，但仍可以很好地合并甚至相互继承。回到自然实验的问题上，如果我们认同实验就是一种让自然交出秘密的审讯手段，那么自然实验的确是难以理解的；这种研究方法也许并不足以称为实验，而仅是一种观察和记录活动。但是，如果将实验广义地看作科学家进行活动的一种实践，那么实验并非不能采取一种俄耳甫斯立场，或者是实现对于二者的良好结合。在实际的实验案例中我们能够找到后一种态度的可能性。

回到当前科学中的自然实验，5.1 节中介绍和列举了自然实验的经典研究案例。这些案例呈现出了自然实验应用场景的多样性和跨学科特性，而这种多样性同样容易令人产生疑问：自然实验的定义标准究竟是什么？自然实验必须要包含哪些要素？这一问题目前尚无定论。接下来 5.2 节将梳理三种主流的自然实验定义，并对它们各自存在的问题进行评论，最后试图给出自己的建议和理解。

5.2　自然实验的定义

5.2.1　定义一：利用自然事件和社会事件

对于自然实验的常用宽松定义只要求该研究利用了自然中或社会中发生的重大以及特殊事件。英国医学研究委员会(UK Medical Research Council)2012 年在《自然实验方法使用指南》(以下简称《指南》)中采取如下定义："自然实验意味着利用不在研究者控制之下发生的事件、干预或政策变化所造成的不同程度暴露[①]来研究它们产生的影响。"(Craig,2012)。

以流行病学为例,研究者可以利用基于这些特殊事件设计的自然实验来调查影响疾病的环境因素,尤其是能够进一步区分疾病的遗传因素和环境因素。例如,在分开养育的双胞胎、同一家庭中收养的多个儿童、移民等特殊情形中,遗传因素或环境因素中的某一类变量得到了控制,进而可以考察另一类因素对疾病的影响。这些特殊事件的发生和发展并不遵守研究者的控制与安排,因此是"自然"进行的。

在这一用法上,"自然实验"一词既指该特殊事件本身,也指后续研究者围绕该事件进行的一系列围绕着因果推断的设计和分析。《指南》中强调,后续对于该事件造成的暴露及其影响的研究需要包含因果推断。这意味着研究者并非只是对自然事件进行观察和描述,而是必须结合相关理论、机制过程和背景知识进行因果关系的探究。接下来,实验者需要使用定量的统计分析来计算事件造成的干预效果大小。《指南》给出的对于研究结果的评价指标是:该实验提供的数据和证据能否充分支持因果推理。但如何考察证据对于因果推理的支持程度呢?回答是:参照随机对照实验——即,首先看该特殊事件中干预行为是否成立,其次看事件过程中对于研究对象的分组(或者研究者自行选取的实验组与对照组)是否均匀一致,最后看数据的质量是否满足零假设检验(即计算 p 值是否小于约定的特定值,如 0.05)。

在某些研究场景中,自然实验呈现出了实验室研究和统计分析等方法不具备的优点。在涉及人类以及社会活动的领域,很多研究问题无法进行

---

① 暴露(exposure)是指研究对象曾经接触过某些因素,或具备某些特征,或处于某种状态。这些因素、特征或状态即为暴露因素,也叫研究变量。

实验室研究。这主要涉及三种情况：实验干预对被试者的健康有负面影响或违背了伦理要求、现有干预手段无法实现实验操控、实验成本过高(包括干预的潜在效应规模过小、样本量要求过大、干预过程耗时过长，等等)。在此情况下，利用自然事件能够极大地扩展实验研究的领域。典型的例子包括：母亲孕期饥荒经历对胎儿后续发育的影响、血型与传染病抵抗力的关系、室内禁烟立法及调整烟酒税对公众健康的影响，等等。自然实验能够充分利用这些已有的特殊事件产生的数据，也能够帮助研究者在复杂的社会现象中定位因变量和自变量。对于自然实验中事件具体过程的调查和说明，可以避免仅用统计数据进行回归分析时出现的因果倒置的错误。

《指南》提供的定义强调了特殊事件所提供的干预。经济学史家摩根认为，参照田野实验和实验室实验的设计环节，自然实验也应该考虑特殊事件能够实现怎样的控制。通过考察控制条件如何实现的差异，她进一步区分了定义一中的四种自然实验类型(Morgan,2013)[345]。其一，重大干预造成的"其他条件可忽略"(*ceteris neglectis*)。例如，14世纪中叶爆发的黑死病造成了大量人口死亡，这一事件通过对各种社会和经济过程的影响加速了英国农奴制的消亡。由于该疫病的巨大影响力可以认为同时期的其他影响因素能够被忽略。再比如"绿色废墟"(the green rubble)效应，即生态学家发现，战争过后被轰炸过的城市废墟会以超乎寻常的速度生长植物而变成绿色。其二，完全隔离造成的"其他条件不存在"(*ceteris absentibus*)。社会或自然环境中的隔离场点提供了替代性的环境控制条件，往往能够作为很好的自然实验场景。如前文提到的达尔文在加拉帕戈斯群岛上观察到的物种演化现象，由于地理上的生殖隔离使得各岛之间不存在相互影响。虽然实验室可以实现对大肠杆菌等微生物种群的隔离演化观察，但是更大型的生物，如鸟类或爬行生物，则很难通过实验室提供完整的生态环境(Beatty,2006)[336]。此外，在社会中也可以找到与世隔绝的社区或群体，例如"二战"时战俘营中的人们为了交易，约定使用香烟作为货币；类似的情况更早地出现在17世纪加拿大的法国驻军城镇，扑克牌成为货币。这些情景可以用来类比研究货币的起源。其三，稳定环境中发生的特殊事件造成的"其他条件均同"，如默顿研究的广播宣传马拉松发生于一段时期内相对稳定的社会环境中，可认为其他条件较广播前未发生变化(Merton et al.,1946)。其四，受到特殊控制的自然或社会事件，如集中营、严格管理的精神病院等。这类情形相当于一个自然或社会中的"实验室"，其中的环境因素受到了人为控制，可能呈现出前三类控制条件的一种或多种形式。

笔者认为定义一存在两个问题。首先，它强调了自然实验利用特殊自然事件的特征，却回避了对实验设计潜在缺陷的讨论，没能说明实验设计的评价标准。自然实验中的干预和控制并非由研究者设置和实施，故而研究者只负责收集和分析数据。这样一来，实验设计的构建和论证只由特殊事件本身决定，而不是像实验室实验那样在根据理论、模型、仪器或假说的要求来计算和设置精确的控制参数。这看似可以避免对实验设计的批评，但并不意味着真正解决了系统性偏误问题。例如，莫卡什等人利用自然实验来比较两种心脏瓣膜手术（主动脉根部置换术和瓣膜再植术）对不同位置瓣膜的治疗效果（Mokashi et al.，2020）。他们以患者的病灶位置——在二尖瓣还是三尖瓣处发病——作为不在研究者控制之下的自然事件，从而形成自然的分组。但是从该研究提供的最终数据可以看到，二尖瓣患者样本数量（92人）远小于三尖瓣患者（515人）。虽然研究者通过对28个术前特征进行匹配后最终选取了其中的71对患者作为对照，但两组患者数量上呈现出的自然差异的产生原因值得进一步分析。在一般的随机对照实验中，两组样本的数量应该近似相同，或者符合在总目标群体中的实际比例。由于手术指征是研究者（或者医生）人为决定的，该自然实验中原始样本量极度不对等的情况可能暗示着存在潜在的协变量（covariate），也就使我们有理由怀疑结论中二尖瓣患者的更高术后风险可能是由于患者自身其他健康原因或是不同的手术操作方式造成的。因此，按照定义一要求的那样仅仅是对特殊事件加以利用，尚不足以构成一个可靠的自然实验设计。

其次，特殊事件这一表述方式本身也有值得怀疑之处。一方面，自然界无时无刻不在发生着大大小小的事件，要根据什么标准判定其是否"特殊"？另一方面，事件的发生虽不在研究者的控制之下，但是事件的地点、影响范围、持续的时间等要素均由研究者根据背景知识来挑选和界定，因此该事件在研究中的叙事和呈现仍然是受到研究者"操控"的。这种人为操控甚至正在更进一步发展：在基于社会事件的自然实验研究中，一些研究者提倡政策制定者、机构管理者和研究者之间应该对知识和事实进行更多的互通和分享，以建立更好的实验设计。虽然这样做带来的好处是研究者可以充分获取该事件的背景知识和相关参数，但是与此同时，政策制定者、机构管理者与研究者之间的边界便模糊了[①]，特殊事件也更加难以做到"不在研究者

① 德赛（Sunita Desai）等人甚至提倡自然实验的研究者"嵌入"（embedding）进卫生系统中，以扩大学术机构的合作和影响范围。反过来他们同时认为此举有助于获得关于健康干预措施的有效知识。

操控之下”,从而违背了定义一的要求。

5.2.2　定义二：比较法

以过去为研究对象的历史性科学(historical science),如进化生物学、古生物学、流行病学等,无法进行操控和干预的实验室实验①。自然实验是历史科学中替代实验室实验的重要研究方法。迈尔(Ernst Mayr)认为在科学史上,“观察科学的大多数进步归功于那些发现、批判性地评估和比较了这些自然实验的天才。在这些研究领域中,进行实验室实验是几乎不可能或不切实际的。”(Mayr,1997)[29]。生理学家、生物地理学家、历史学家戴蒙德提倡在今天的历史科学研究中重新重视基于定量方法的自然实验,并基于此将历史科学说明放于一个更大的比较性因果研究框架中(Diamond & Robinson,2010)。

戴蒙德认为自然实验的核心设计是应用统计学技巧的定量比较和匹配,因此他又称之为比较法(comparative method)。研究者需要选取除了目标因果变量之外在许多方面上具有相似特征的不同体系作为干预组和对照组。与一般实验中二分式的分组设计不同,定义二中的自然实验可以借助统计方法和工具进行大量组别之间的比较,如 81 个太平洋岛屿、233 个印度地区等(Diamond & Robinson,2010)[6]。比较一般可以分为两类：在不同初始条件或环境条件下比较相同事物的发展,以及在相同初始条件或环境条件下比较不同干预带来的结果。前者例如比较波利尼西亚人后代在太平洋不同岛屿上定居之后的社会形态及经济文化发展差异,后者例如比较非洲曾经发生与未发生过奴隶贩卖的相似地区后续发展水平和人均收入的差异。此时自然实验选取的干预行为可以是内生性的(即其取值由系统内部决定),如波利尼西亚人的定居与发展方式；也可以是外生性的,如奴隶贩卖。可以看出,定义二自然实验的推理模式遵循穆勒的求异法：通过匹配相同的因素、比较有差异的因素,从而说明造成事件结果的原因。求异法思路在历史研究中的应用并非全新创造,但是在戴蒙德看来,更加充分地使用了统计学工具的自然实验能够避免人类史研究中定性说明的模糊性,同时可以突破历史学家通常仅对某一地域、时代进行深入研究而缺乏横向

① 这些学科当然会在实验室中进行测试、鉴定等工作,也可以进行实验室建模和模拟；此处指无法在实验室中对过去的实际情况进行操控和干预,因而其研究的目标对象和因果关系无法进行可重复的、稳定的实验室研究。

比较的视角限制。他在《枪炮、病菌与钢铁》(*Guns*, *Germs and Steel*)一书中就主要使用了自然实验方法,比较并说明了人类文明早期世界范围内不同地区之间地理环境和物种数量等初始条件的差异是如何影响当地社会经济文化发展速度的(Diamond,1997)。

对于自然实验因果分析的常见批评有四个:因果倒置、内生变量、忽略变量和机制缺失。戴蒙德逐一对其进行了简要回应,并介绍了可用的统计学工具(如工具变量法、多重回归分析、格兰杰因果关系检验等)以避免这些问题。同时,在实施比较前,研究者也需要利用统计学工具在诸多看似与结论有关的变量中进行准确的筛选,进而确定哪些因素是需要匹配为一致的。可见,定义二自然实验中的主要经验证据依赖于统计分析,这就使得其面临的方法论批评接近于计量经济学中长期以来进行着的统计学方法的技术性争论。同时,研究者总可以基于理论立场的差异,围绕具体研究的结论成立与否进行回应。从这一点来看,无怪乎迈尔和戴蒙德倾向于将自然实验视为一种观察而非传统意义上的实验:自然实验中并不存在仪器和环境等物质性的因素对证据(即实验现象)进行约束,而统计学工具在一定程度上可以按照研究者希望的方式来呈现和分析数据,因此可能会面临着更加严重的可重复性问题。

反过来可以说,在实验观念上,自然实验的支持者和使用者并不看重观察与实验的二分。作为"另一种做科学研究的方法"(Diamond & Robinson,2010),他们将自然实验式的观察视为研究者"从大自然的巨大实验室里不断流动运行着的实验"中获取数据的方式(Haavelmo,1944;Ozonoff & Boden,1987)。这样一来,定义二便不必像定义一那样强调研究所利用的事件的特殊性,从而规避了上一节末尾对于事件选择标准的批评。对于历史学的自然实验者来说,实验业已由自然完成,他们只需要从纷繁的数据中进行筛选、标目、匹配、对照,并利用多重回归分析等工具定量计算因果变量之间的相关性,再根据历史叙事来确认因果关系的时间顺序即可。

5.2.3 定义三:(近似)随机化分组

加利福尼亚大学伯克利分校政治学教授邓宁认为自然实验的日益流行已经造成了其概念的过度延伸,很有必要加以收敛。在社会科学和医学研究中,不少学者以随机对照实验作为实验的方法论黄金标准。因此邓宁提出自然实验在设计上也应该尽可能地模仿随机对照实验(Dunning,2012)。

随机对照实验需要具备三个特征：第一，研究者将干预组和对照组中研究对象对干预行为的响应进行比较；第二，研究对象的分组由某种随机设备（如抛硬币、生成随机数等）决定；第三，干预行为受到研究者的操控（Freedman et al.，2007）。如定义二所讨论的，自然实验和大多数希望进行因果推断的观察式研究往往都利用了比较，因而容易满足第一点。自然实验不是实验室实验，且通常是无法实现干预的情形，无法满足第三点中的操控性要求。因此在邓宁看来，自然实验应该尽可能地满足第二点要求，即研究者利用的自然或社会事件必须能够对研究对象进行随机或近似于随机的分组。在潜在因果效应模型（即 Holland-Rubin 因果模型）中，理想的随机化分组并不能消除混杂因素，但能够使两组研究对象受混杂因素的影响程度一致，从而避免在计算目标因果效应的大小时受到选择偏误的影响。

相比之下，在定义二中讨论的自然实验往往使用匹配（matching）来完成这一任务。匹配的实现依赖于这样的假设：全部的相关混杂因素是可观察并且可测量的。随机则不需要这一要求；在样本大致相似的情况下，随机可以使人为选择样本时忽略的混杂因素变得均匀一致，从而使选择偏误为零。邓宁指出，在进行匹配时，若试图通过调节观测变量来近似获得随机性，那么不可观测或未知的变量可能会对结果产生影响；如果使用统计模型来进行匹配，模型背后的假设可能会对结果起到关键性的作用（Dunning，2012）[20]。此外，匹配时对于混杂因素的选取由研究者的背景知识和理论预设决定，可能存在遗漏的情形。相比之下，随机能够更加客观和彻底地解决混杂因素带来的选择偏误问题。

那么，如何在自然实验中寻找随机化分组？最理想的情况是找到并利用真正的随机过程，如彩票、抽奖、抽签等情形。例如，安格里斯特考察了自愿报名服役的群体中被抽中和未被抽中者的终身收入（lifetime earnings）的差异（Angrist，1990）。多尔蒂等人考察了 342 名彩票中奖者的奖金收入与其政治态度的关联（Doherty et al.，2006）。因为购买彩票并非一个普遍行为，其中奖群体是一个略显特殊的均匀小样本。因此多尔蒂强调：彩票购买者群体内部的成员具有相似特征，考虑到中奖时，获奖的级别是严格随机的（按照固定概率分配的），因此该实验构成一个对彩票购买者群体成立的严格随机实验。在此案例中，研究者可以像实验室实验那样获得一个对特定类型样本（如某种遗传谱系的小鼠、果蝇）成立的精确的因果关系——此时混杂因素的影响已经被排除和平衡了。

上述“真”随机过程通常只能发生在特定小群体中，其研究结论虽然准确，但只在具有该样本特征的有限范围之内成立，其外部有效性存疑，难以向外推广。多数时候，特殊事件提供的分组只能近似于随机（as-if random），研究者需要对此提供论证。仍以斯诺对于霍乱的研究为例。斯诺认为，在干预（即住户接触到致病污水）发生之前，使用两家供水公司的家庭情况非常均匀："供水服务非常紧密的混合在一起。各家公司的供水管道在每条街道和巷子中都有分布。（同一区域）有几家是一家公司供水，另外的家庭则是另一家，这是在两家公司激烈地竞争市场时由用户选择的。很多时候甚至一栋房子中同时有来自两家公司的供水。两家公司提供的服务不考虑贫富、房屋大小、也不考虑使用者的职业……显然，没有任何一个实验能更加全面地检验供水对霍乱传播的影响了。"（Snow，1855）[74—75] 除此之外，斯诺发现大多数房屋的供水公司是由实际上并不在此居住的房东选择的，这就切断了居住者自身特征与决策倾向对是否患病的潜在影响。最后，该案例中的"干预"行为，即其中一家公司将进水管移至水质更清洁的泰晤士河上游，发生在霍乱爆发之前，并且当时没有关于水能够传播霍乱的相关知识，因此该干预是外生性的。综合上述论证，邓宁认为斯诺在自然实验设计中的分组和实施过程是近似随机化的，因此能够避免混杂因素并足以进行可靠的因果推断。不难看出，对于事件发生过程和因果机制的细节理解（或提供待检验假说）在这一论证过程中至关重要。

另一个新近案例研究了1984年阿根廷的一项法规变动对土地所有者的影响（Galiani & Schargrodsky，2010）。1981年，由天主教会组织的寮屋居民在布宜诺斯艾利斯占领了一片城市荒地，他们将这片土地分成大小相似的地块后分配给各个家庭。1984年通过的一项法律征用了这片土地，意图赋予寮屋居民该地块的所有权。然而，这些土地的部分原先所有者起诉了该征用行为，导致了这些区域的所有权转让遭到长期拖延，而其他地块的所有权则被立即转移了。较快获得所有权的居民们构成了实验组，那些被延后的居民则构成对照组。研究者发现，两组研究对象在后续的住宅投资、家庭结构和教育投入方面产生了非常大的差异。与德·索托（Hernando de Soto）的理论预测相反，这些低收入人群并没有将产权财产用于抵押贷款。另一方面，获得产权对个体效能感的自我感知产生了正向影响。为了论证样本分组具备近似随机性，研究者检验了实验对象的干预前特征，包括年龄、性别等，并证明它们与干预变量统计学不相关。此外，他们也检验了两个分组对应的地块的特征，例如地块与河流的距离不存在倾向性。这些统计学检验说明了地块品质这一潜在干扰因素在组间是均衡的（Dunning，

2012)[11]。

在社会科学领域,行政划界、政策变动、特殊规则形成的断点回归等事件使得类似的人群被划分为两个或多个受到不同程度干预的小组,其中的划分标准与干预之间是独立的,因此也可以看作存在近似于随机的分组机制(Dunning,2008)。具体来说,断点回归发生于当某些事件通过一个给定的阈值来划分群组时,比阈值偏高或偏低的个体具有相似性,但却受到了不同的干预,因此该分组是近似随机的。比如,美国优秀学生奖学金(National Merit Scholarships)给某一考试分数线以上的学生颁发奖状并进行公共宣传,而那些恰好低于分数线的学生则不会收到。可以认为考试中一两分的差距是由于几率而不是智商差异导致的,因此,研究者利用这个比较了刚好高于和低于分数线的两组学生未来的学术表现(Angrist & Pischke,2009)[252]。此外,若可以找到适当的工具变量,研究者也可以构造更加复杂的自然实验。

工具变量是一个与自变量相关,但是与因变量以及其他变量无关的额外变量。同时,分组过程相对于这个工具变量而言是随机化或者近似随机化的。例如,关于择校决策的一个可能的工具变量是贷款的相关政策,或者是其他的影响教育成本的机构性约束,这些工具变量同时也和收入潜力不相关。安格里斯特和克鲁格(Angrist & Krueger,1991)最具影响力的教育研究正是按照这一思路,由于美国法律规定了学生应在达到六岁时的自然年入学,且在16岁生日之前不允许退学,因此出生于第四季度的孩子们会比其他同学的在校时间更长。这样一来,根据个体的出生月份就可以自然地构成实验分组,从而考察在校接受教育的时间与未来收入情况是否有关。工具变量在生物医学领域中的一个著名衍生版本是“孟德尔随机化”,即寻找和利用那些由于基因导致的先天因变量差异。例如,研究低密度脂蛋白(“不好”的胆固醇)与高密度脂蛋白(“好”的胆固醇,比如某些鱼油保健产品宣传的那样)对心血管疾病的影响时,两种脂蛋白常常同时存在于人体中,从而使我们没办法分别评估二者的作用。而如果我们知道某个基因会导致较高的先天高密度脂蛋白水平,而该基因对低密度脂蛋白没有影响,那么我们就可以利用基因这一独立于后天生活方式的工具变量,来考察它们各自的因果效应(珀尔,麦肯齐,2019)[229]。

定义三利用了随机对照实验的三个特征,基于此,可以进一步说明实验室实验、自然实验和观察式研究的区别:随机分组特征区分了自然实验和观察式研究,操控性特征区分了实验室实验和自然实验。由此,自然实验获得了一个清晰的方法论位置，也使得社会科学中的研究方法构成了随机程度和可操控性两个维度上的连续谱。

从上一段的例子可以看到，定义二的自然实验中发生了一个事前(*ex ante*)的过程来进行研究对象的分组，该分组过程自身具备一个稳定的或可追溯的因果机制。而定义二则并不要求匹配的研究对象是基于同一因果过程产生的，在时间和空间上也不具备一致性或连续性；匹配只要求两组样本在研究者挑选的一系列特征上满足统计上的一致性。这一差别使得定义二和定义三的适用范围有所差异。定义三——尤其是那些能够提供"真"随机分组的自然实验(如彩票抽奖)——的确如邓宁所期待的那样构成了对随机对照实验的模仿，也因此继承了其外部有效性差、结论适用范围小的缺点。而戴蒙德等历史学家利用的定义二自然实验则通过基于匹配的比较，说明了特定的因素是否及如何在大范围内影响了不同地域的历史进程，能够得到具有更普遍意义的结论。

5.2.4　评述：定义三的问题

上述三个定义层层深入地展现了自然实验的方法论特征。定义一要求研究者利用特殊的自然或社会事件，提供了一个对自然实验的直观感性认识。定义二放宽了对于事件特殊性的要求，转而强调了基于求异法的比较研究设计。定义三则进一步要求该事件能够提供近似随机化的样本分组。笔者认为，定义三过于强调对于随机对照实验的模仿，使得自然实验沦为了一种"先天不足"的研究方法(通常只能获得近似随机而非真正随机)，因而掩盖了自然实验相比随机对照实验的独特性和优势。定义三至少面临以下三个问题。

首先，随机对照实验的方法论黄金标准地位仍有争议。卡特赖特和迪顿认为，随机对照实验设计在原则上不依赖理论模型和背景知识的优点，反过来也造成了其研究结果仅在特定局部范围成立、难以进一步融入和推动理论发展的缺陷(Deaton & Cartwright，2018)。越来越多的研究者认同方法论多元主义，提倡不同研究方法之间的互证和补充，因此将自然实验定义为对于随机对照实验的模仿不利于其发展自身的优势。

其次，定义三将许多经典的自然实验设计排除在外，如双胞胎、群岛等实验场景。在双胞胎自然实验中，研究样本具有相同的遗传学特征，因而可以比较家庭环境对于健康状况的影响。但是双胞胎的分组并非"随机"，即二者进入哪种家庭环境涉及了家庭成员的决策倾向，因而存在无法排除的内生性混杂因素。类似地，生物或人类最初对于定居群岛的选择也存在无法排除的内生性决策动机。但是这类场景仍然具有极高的研究价值，因为通常情况下很难获得具有相同遗传学特征的人类被试个体，也很难人为构建长期与外界隔离的自然体系；只要对相关潜在混杂因素进行充分的描述和说明，这些数据仍可以提供一个好的案例说明。在戴蒙德编纂的历史自然实验论文集中，各章作者结合了访谈、考古等多种来源的证据，对自然实验中存在的具体混杂因素问题进行了充分的论述。

最后，笔者认为近似随机论证与匹配没有本质区别，因此用是否存在近似随机化来区分实验设计是不合理的。邓宁将匹配定义为一种控制已知混在因素的方法，认为其本质仍然是统计学工具。相反，真随机或近似随机无需控制已知的混杂因素(Dunning，2012)[20]。因此对于邓宁而言，近似随机化同样具有“程序正义”。5.3节将进一步具体讨论实验设计中的各种分组策略，并尝试论证这些分组策略的等价性。综上所述，定义一描述了自然实验的一定特点，但是并未传达出自然实验的核心设计逻辑。相比定义三的过度收敛，定义二突出了比较作为自然实验中因果推理的核心逻辑，同时也符合学界对于自然实验个案的一般判断，因此本章支持定义二作为自然实验的基本表述。

5.3　平衡分组策略：随机化、近似随机化与匹配

5.3.1　近似随机化

自然实验的定义三包含了真随机和近似随机两类自然实验。这样的并列方式同样暗示了在4.3节中讨论的问题，即真随机化是否真的意味着选择偏误的消除。有些人也许会指出，虽然我们无法利用统计学工具证明所有的未知共混变量已经实现了平衡(正如零假设检验所做的那样)，但是物理随机过程本身的实施就已经引入了该性质。只要实验者以公正的方式使用了随机过程，那么该实验具备了足够的“程序正义”；零假设检验只是对“结果正义”的辅助测试而已。而邓宁等定义三的支持者所提出的“近似随机”概念，则并不符合这一对程序正义的要求。在我看来，他们的论证已然将分配后的随机化检验与随机过程本身混为一谈。对于很多实验者来说，严格的分配后检验是一种可靠方式，足以证明实验中的分配“就像随机化一样好”(Angrist & Pischke，2009)——即便没有真正地使用随机过程！

邓宁的一段总结再次印证了上述观察，

> 总之，在一个合格的自然实验中，我们应该看到潜在的混杂因素在干预组和对照组之间是平衡的，就像在真正的(随机对照)实验中预期的那样。请注意，这种平衡的出现并不是因为研究人员匹配了已知的共变量，就像传统的观察式研究一样，而是因为干预的分配过程本身模拟了一个随机过程。然而，必须使用各种形式的定量、定性证据和实施干预分配过程的详细知识，来评估“被试者就像通过抛硬币来分组一样被分配到干预组和对照组”这一论断。(Dunning，2012)[12]。

这段论述非常清晰地表明，邓宁一方面希望分组过程能够由机会均等的随机过程(抛硬币)来保证，另一方面，他也承认这种对随机过程的“模拟”是通过“各种形式的定量、定性证据和实施干预分配过程的详细知识”来实现的。虽然邓宁极力强调匹配策略和他提出的近似随机化论证之间存在差别，但通过本章对近似随机化的论证过程的考察，这一区别并未突出地显示出来。

不过仍然要注意的是，有些情况的确展示出了直观的近似随机性，例如个体的出生月份与其受教育年限或是是否被抽中服兵役之间的关系。这里的近似随机性严格来说是一种统计无关，而不是真正的机会均等(可以设想人的出生月份也许并不是均匀的，虽然这是一个经验问题)。发掘并利用这种偶然的统计无关同样是有价值的自然实验资源，但是，若要确保其满足反事实潜在结果的因果推理，就必须先检验组间是否达到平衡。无论是真随机、近似随机还是匹配，其真正和最终的目的，都是获得平衡分组，以进行 4.1 节中介绍的平均因果效应的估算。从这个角度来说，断点回归和工具变量也许是比近似随机化更加恰当的表述方式，因为他们具体地强调了分配过程如何独立于干预和因变量。这种统计无关的特性也许比过程随机性更难以进行形式化的定义。所以我们最好还是将这些“近似随机”策略理解为能够实现统计学意义上的平衡分组的、具有不相关性的分组过程。

考虑到随机化检验和近似随机化两个概念的差异和混杂，似乎我们不得不做出选择：要么坚持只有使用了随机过程的真随机才是唯一合法的分组策略(这意味着自然实验等准实验几乎都失去了合法性)，要么我们需要重新对分组策略的目标、要求和内涵给出明确定义。

5.3.2　殊途同归：分组策略的等价性

对于定义三种涉及真随机分组自然实验的合法性论证可以看作是回到了第4章讨论的随机对照实验中的问题，使用近似随机化的实验设计实则希望论证分组操作与因变量之间的独立性。因此我们再次查看近似随机的情形。仍以斯诺的研究为例，这一论证体现为逐一列举分组过程中有可能造成干扰的混杂变量（如个体决策偏好、居住位置等），并且用经验证据说明这些混杂因素在组间是平衡的。检验方式又分为两种：一是通过数据和零假设检验等统计学工具表明两组之间不存在显著差异；另一种则是直接定性地比较两组样本之间的相似性（如两家公司提供自来水服务的方式）。尽管斯诺尽其所能地考察了许多潜在的影响因素，它们仍然应被归为已知因素之间的比较。在阿根廷土地产权的例子中，研究者只列举了性别、年龄、地块位置等少量已知因素来构成随机化检验。而我们至少可以设想寮屋居民的储蓄、职业、教育程度等诸多潜在有关的干扰因素。鉴于此实验中不存在真正的随机分组，实验设计应当囊括更加全面的随机化检验，但这同样引入了数据筛选（cherry-picking）的问题：研究者可能只列举了平衡性较好的因素，而掩盖平衡性差的因素：因为自然实验的天然限制，实验者无法根据这些不平衡因素的实际情况进行随机对照实验中可以借助的"反复随机化"手段。

对于存在真随机过程的自然实验，一个明显的问题是：随机化过程并不是由实验者亲自实施的，而是在自然实验的发生场景中由环境事先决定的（如彩票抽奖）。因此反过来说，4.3节中提到的事先改进型的修正随机化技术是无法得以实施的；研究者只能在分配后对分组均匀情况进行评估。这样一来，定义三中的两种情况最终走向了同样的检验步骤，亦即随机对照实验中的随机化检验步骤：通过零假设检验比较有限已知因素的平衡情况。

匹配同样要求两组样本在研究者挑选的一系列特征上满足统计上的一致性。在明确了机会均等的随机过程无法保证结果均等这一前提之后，不难看出，这三种分组策略在逻辑上可以说没有太大差别。其区别主要在于实验发生过程与随机分配过程的时间顺序差异：定义三中列举的实验往往存在干预前的分配过程，定义二则通常是干预后（甚至是度过了历史意义上的时间跨度）再使用工具变量等统计学工具来检验是否分组以及是否达到均衡。对这一时序差异可以进行两种批评。首先是邓宁认为，统计学工具背后的复杂理论假设导致了其应用上存在潜在风险。而计量经济学家则对此持不同的意见，如安格里斯特认为："我们(对经典统计学模型中普遍会被违背的假设)采取一种更加宽容的态度。"(Angrist & Pischke, 2009)[2] 他的意思是，我们应该用已有理论知识和经验证据去检验研究中具体结论的合理性，而不是纠缠于统计学假设的数学辩论。因此，邓宁对于匹配的批评是否成立，取决于研究者对统计学工具的态度。笔者在这里赞同安格里斯特的立场：我们不能仅仅寄希望于精致的研究方法设计来确保研究结论，而是要看结论本身与理论和其他背景知识是否融贯。研究方法是一种工具，而使用工具的适当与否更多取决于使用者对于使用场景的判断和运用的技巧，以及在使用后对工具的进一步修正。不过，笔者同样认为，时序差异确实是一个值得注意的问题。这提示着研究者需要在实验设计中引入对因果机制链条的说明，即干预过程及其研究对象受到影响的具体方式。这一说明需要通过背景知识或是其他来源的经验证据完成。因此即便是历史学的自然实验，其目标因果关系和"实验场点"的选取依然并非任意的。

综上所述，本节试图说明：实验中应用分组策略的最终目标是实现样本实际上的组间均衡，即结果均等；在此要求下，真随机、近似随机(包括断点回归和工具变量等方法)与匹配在合理运用背景知识与统计学工具(零假设检验)时，都是可靠的分组策略。

5.4　观察与实验之间——自然实验的方法论位置

定义二所呈现出的自然实验介于观察和实验之间，占据了独立的方法论地位。自然实验作为对实验室实验的补充和替代，其流行说明社会科学研究方法的不断创新、具有旺盛的生命力。

上述讨论同时希望说明，自然实验并不能最终还原为某种实验室实验。首先，定义一表明：实验室始终受到当前技术水平和研究伦理的限制，也无法消除人工模拟系统的理想化条件与真实自然系统的差异(即实验室现象的外部有效性问题)，因而部分研究问题只能利用特殊自然事件和社会事件、依赖于自然实验提供的经验证据。

其次，自然实验的流行反映了社会科学方法论的发展趋势。研究者们已经注意到了传统的回归分析造成的问题(Freedman, 2008; Heckman, 2000; Seawright, 2010)，并且意识到了要通过改善研究设计而不是改进统计工具来实现更好的因果推理。多元方法的综合研究通常能够互相补充，显示出比单一方法更稳健的研究结果。

再次，基于效率和经济的考虑，在实验仪器等科研成本日益昂贵的今天，提倡发掘“大自然的实验室”提供的数据不仅有助于减轻研究资源的马太效应，更能够获得真实自然界环境而不仅是人工建构环境下的科学知识。

更值得注意的是，自然实验可以反过来对实验室实验提供指导和证明。例如，在一项对人力资源市场效率的研究中，研究者先是参考了自然实验研究中发现的因果效应和相应机制，继而设计了一个小型化的实验室实验，并成功复现了该效应(Kagel & Roth，2000)。由于自然实验的研究结论成立在先，因此即便该实验室实验的规模很小，其结果的稳健性(robustness)和外部有效性也能够得到一定的保证。因此，自然实验绝不是弱化版本的随机对照实验或者实验室实验，也不该期望其随着实验技术的进步被后者取代。自然实验与传统实验及其提供的知识之间形成了互相补充、互相验证的关系。

另外，自然实验同样不应该被视为单纯的观察。在基于物理学实验的科学实验哲学讨论中，观察和实验的关系已经从 19 世纪的二分传统走向了实践性质的融合。本章所讨论的流行病学、历史学、经济学、政治学等社会科学在传统上被称为观察式科学，它们在 20 世纪开始才逐渐引入了实验方法。社会科学实验尚未发展为一个成熟的研究范式，而是充满争议性，其问题主要体现在可操控性和外部有效性上。若以因果推断作为整体研究目标，社会科学哲学存在着统计因果模型、案例研究与实验三种相互补充的研究方法(Risjord，2014)[237]。前两者都是经典的观察式研究。笔者认为，自然实验亦可在此独立地占据一个并列的方法论位置，它们各自具有不同的适用范围和特点，共同构成了多元的研究方法谱系。

与此同时，对于分组策略等价性的讨论也希望能够缓和随机化与非随机化实验之间的矛盾。如果随机化和匹配实际上共享了同样的评价标准和设计目标，那么在证据等级体系中就可以更多地考虑观察式研究的价值，尤其是其他同样基于匹配法设计的队列研究和个案对照法等。对这一共同基础的更加深刻的理解有助于构建方法论多元主义体系。正如班纳吉和迪弗洛指出的那样，“实验最大的优势就是它带领我们进入了观察式研究无法涉足的领域”(Banerjee & Duflo，2014)[90]，在笔者看来，这句话反过来同样成立：观察式研究填补了受控实验所不能获得的知识空缺。

第 6 章　结论和展望

6.1　结　　论

本书第 1 章对研究背景和现有文献进行了综述，并就研究问题以及相关的主要概念进行了讨论和界定。在随机对照实验和自然实验日益流行的背景下，有必要对这两种成果颇丰的非实验室传统实验进行深入的理解分析。在本书中，“实验”指将其他条件近似的研究对象分配为干预组和对照组后，通过考察它们受到干预后的表现差异，从而探究因果关系的研究方法。“随机对照实验”指使用随机分配过程进行上述分组，并进行人为干预的对照实验。“自然实验”指利用自然界或社会中不在实验者操控之下发生的事件作为实验干预，寻找其中自然形成的、可比较的实验分组，并对后续结果进行比较分析的对照实验。二者在整体设计思路上十分近似，在干预实施和分组过程两个环节存在差异，其适用的研究场景和问题也因此产生了区别，并引起了讨论和争议。第 1 章说明本书的研究总问题即是随机对照实验和自然实验两类实验中存在的相关方法论问题，以及它们之间存在的相关争论。在梳理相关实验设计的基本逻辑和经典案例的基础上，本书将总问题拆分为实验特征的哲学框架、两种实验的设计思路、两类实验的异同比较三个层面的分问题。在这三个分问题的讨论中，进一步对其中浮现的可重复危机、实验的因果推理、自然实验的定义、分组策略等具体的问题进行深入探讨，并给出相应的解答。

第 2、3 章回应了分问题一：实验特征的哲学框架是什么？本书选取了实验的两种重要特征——可重复性与可操控性——并以此作为后续讨论实验设计的概念基础和哲学框架。这两章希望在提供说明框架的同时提供一定的批判性反思，其讨论的语境并不限于随机对照实验和自然实验，而是可以适用于更一般的实验整体。第 2 章关注了通常被认为是生产可靠科学知识前提的实验可重复性。通过对可重复性的分层次理解，第 2 章首先讨论了作为实践活动的重复实验的具体存在形式及其认识论意义，继而回顾了科学哲学中始于"实验者回归"的可重复性争论。从实验对象在自然科学和社会科学不同领域中的本体论差异出发，本书提出最好将可重复性理解为一种受实验对象差异影响的一种实验特征。从这一点出发，严格的可重复性要求作为共同体研究规范是不适当的；换言之，这种规范违背了实验实践的学科差异性。基于科学史案例的哲学讨论支持了这一观点，科学共同体中围绕可重复危机的近期争论也充分印证了可重复性存在学科差异。从现有的改进建议来看，科学共同体首先需要给予重复实验更高的学术回报，以激励更多的研究者进行重复实验；审稿制度需要加强对实验方法和步骤公开性的要求，以便于其他研究者高效地完成重复实验；同时，用于评估实验结果可靠性的统计学工具还有待完善。本书提供的对可重复性的理解并非希望论证基于实验的知识生产并不可靠，而是希望说明实验实践中影响可重复性的因素以及重复实验活动的具体形式，从而有助于理解和改善可重复危机的相关问题。

第 3 章从因果推理的角度讨论了实验的可操控性，即实验中进行干预的目的、设计方法和意义。珀尔、伍德沃德等人分别发展的操控主义因果理论在方法论层面、围绕干预变量这一核心概念，建立了通过干预过程实现因果推断的基本模型。对于某一待验证的因果关系，科学家可以借助相关理论模型和背景知识建立因果图，寻找适当的干预变量，考察干预后自变量和因变量之间是否具有同步变化，并可以定量地估算因果效应的大小。虽然面临着形而上学批评，操控主义因果理论坚持采取了一种良性循环的因果概念(即干预变量本身涉及了因果关系)，能够在方法论意义上说明科学家如何利用假想实验进行研究设计、辨析因果命题中变量的操作化含义，并最终有望实现在观察式或准实验研究数据中分辨相关性和因果性。

接下来第 4、5 章介绍两种具体的实验设计。第 4 章关注的随机对照实验在生物医学领域被奉为研究方法的黄金标准，因此不少科学家正在积极将其推广和引入各自的学科。以反事实潜在结果的因果推理框架和随机化分配手段为基础构建的随机对照实验，在理想情况下确实可以经由均匀样本分组实现对平均因果效应的可靠估计。但是，考虑到消除选择偏误的实践难题，以及随机对照实验与实验室中的可控对照实验的差异，该章进而论述了其在因果推理中的存在哪些局限，尤其是难以提供关于因果机制的具体信息。通过回顾和比较科学史上分别使用随机对照实验和队列研究对维生素 C 癌症疗法效果的研究案例，再将其与近期的涉分子生物学实验新证据对比分析，可以看到随机对照实验提供的结果不一定能够毫无争议地用作评价标准，而对其实验设计的评价与改进最好能够结合其他研究方法所提供的因果机制证据。由此，本书进一步希望初步提供一种方法论多元主义视角。随着对随机对照实验剖析和批评的深入，本章从随机化分配这一核心设计要素入手，讨论随机性的数学意义和实验意义的差异，指出在实验设计辩护中存在着样本分组时“机会均等”与“结果均等”的概念分歧。通过展示和评述科学家对实验设计的评论和辩护文本，本章指出他们通常使用随机化评估这一并未直接纳入实验设计的辅助手段来弥合这一分歧。同时，这一辅助手段的存在和常见足以说明随机化分配本身不能完全解决均匀分组的整体目标；好的实验分组不仅需要随机分配过程，还需要对分组结果中的潜在混在因素进行显著性检验并进行调整。

第 5 章首先介绍了自然实验的经典案例，然后从自然实验的三种流行定义开始，逐一分析了各定义的优势与缺陷，并在论述过程中勾勒自然实验的实践面貌和应用成果。定义一“利用自然事件”是一种描述性的宽松定义，但其对实验设计并没有提供说明和约束，无法提供进一步讨论的基础。定义二“比较法”认为自然实验在利用既成干预的基础上，其核心设计是应用统计学技巧进行定量比较和匹配后实现均匀分组。定义三则认为自然实验的分配方法不应该是匹配，而应该是尽可能地采用和模仿随机化分组。即寻找原本就涉及了随机化分配的自然事件或社会事件（如抽签），或是定性地论证分配过程是近似随机的、与干预过程相独立的。定义三排除了双胞胎实验、岛屿进化实验等经典的自然实验案例。同时，近似随机化论证与第 4 章强调的随机化评估具有相同逻辑，却又不涉及真正的随机分配，因此其与匹配法并无本质差异。结合匹配技术的新发展，本书支持以匹配为核心理念之一的定义二“比较法”作为自然实验的定义。更进一步，通过分析随机化评估的基本逻辑，第 5 章强化了第 4 章最后的论证，指出随机化、近似随机化与匹配等多种分组策略均有实现“均匀分组”的一致目标。这使得沟通不同类型实验方法得以可能。

基于上述讨论和案例研究，本章进一步总结和梳理了实验设计和辩护的三个步骤。这些步骤可以看作是对于好的实验设计的规范性要求，它们同样适用于一般的实验；但是其中的步骤二对于随机对照实验和自然实验等非实验室实验来说是更为突出的特征。[①]

1. 建立因果推理框架

社会科学等诸多领域引入实验方法的动力之一是弥补观察式研究难以进行因果推断的缺憾。因此，建立因果推理的框架是实验设计的首要步骤。在自然科学中，因果关系往往呈现为具有严格数学形式的自然定律，只要实验室能够实现对其他混杂因素的分离和控制，那么对原因变量的干预就可以引起结果变量的定量变化，从而实现对因果关系的检验。但是，个人、家庭和社会现象中的混杂因素（如性别、年龄、受教育程度等）往往无法从实验对象中分离。随机对照和自然实验者采用了操控性因果理论和反事实潜在结果推理框架来解决这一问题。

操控性因果理论（3.1 节）将因果关系视为施加干预后呈现出的稳定变化关系，而不是通过单纯凭借观察获得的规律性或概率性联系。此处的干预必须能够改变和限定原因变量的取值。反事实的潜在结果推理（4.1 节）通过比较事实与反事实结果来测定因果效应。例如，假设我们希望了解受教育年限是否会影响未来的薪资水平，为了排除不同人自身能力的差异造成的影响，我们应当比较同一个人在达到不同阶段的教育程度后的工资。在这里，对于大学毕业后直接参与工作的小明来说，一种反事实潜在结果可以是小明继续攻读硕士学位后再参与工作时的工资。此时实际结果与反事实结果的差值即为多出来的研究生教育时长对工资水平的影响。但是，反事实是一种不可能实现的假想情况，研究者实际上只能寻找一个与小明极其近似且受到了反事实干预的个体（理想的近似情况如：小明有个硕士学位的双胞胎兄弟）来获得替代性的潜在结果数据。考虑到寻找相似个体的实际难度，我们可以退而使用两个相似的样本群体的差异的平均值来替代性地估算潜在结果的大小。这便构成了基于求异法的随机对照实验的基本思路。

如果不把干预限定为经由研究者人为实现的干预，那么我们就得到了自然实验设计。根据干预的不同来源，自然实验可分为社会实验、政策实验、管理实验等；根据实验中对其他外部条件的控制程度，自然实验可分为

---

① 相比之下，实验室实验可以使用较为均匀的样本，因此可能不需要花费同等精力来论证分组质量；不过，该环节对于实验室实验同样必要，只是相对而言不难实现而已：研究者只需要对实验样本的参数和特性（如纯度等级、基因谱系、制备过程、生产商，等等）提供充分的说明即可。

“其他条件可忽略”“其他条件不存在”“其他条件均同”和“其他条件可控”四种类型。实验者不仅需要借助自然力量或社会力量来达成间接的干预，此时的样本分组过程也往往不在实验者的控制之下，而是“天然”形成的。

2. 论证和实现均匀分组

为了确保组间平均值的准确估算，研究者需要克服的最大难题是在研究对象异质化程度高的现实前提下，如何获取近似的高质量样本和均匀的分组。在干预组和对照组之间存在的系统性差异被称为选择偏误。造成选择偏误的原因有很多种，如实验者或实验对象在进行分组时有意或无意体现出的偏好、实验开展的环境因素、实验对象的服从性差异，等等。

借助随机化、近似随机化和匹配等分组策略，实验者能够减轻选择偏误对因果效应估算的影响。随机化指的是，使用物理随机过程或是给定的随机序列——而不是实验者的主观判断——来对实验对象进行分组。近似随机化指的是，虽然分组并非使用真正的随机过程来实现，但分组过程也并不是由实验者的主观判断实现的；原则上，只需要该过程与实验干预独立即可。其具体的形式可能是在大致均匀群体中的人为划界（断点回归），或是寻找一个与实验干预独立的分组变量（工具变量），如生日。匹配指的是，考察在干预前已经完成分组的实验对象是否在各个潜在干扰因素的指标上近似相同。这些分组策略都需要在分组后通过显著性检验等统计学工具来考察实验组和干预组之间是否存在统计学意义上的显著差异，从而论证其达成了均匀分组的目标（5.3节）。实验者需要清晰地说明自己使用的分组策略并对可能存在的偏误进行讨论。

3. 通过取舍定位实验结果

实验通常是针对有限样本开展的短期研究。因此，实验结论总是存在各个方面的局限性。虽然研究者采取了诸多手段来突破这些局限，但其结果仍需要在不同维度进行权衡和取舍（trade-off）。常见的取舍存在于：

（1）内部有效性与外部有效性

随机对照实验的最大优势在于其内部有效性（internal validity，或称为内部效度）很高。内部有效性指一项实验可以满足其设计中要求的因果性假设的程度（今井耕介，2020）[49]。但是，取得内部有效性的代价是牺牲其外部有效性，即该研究的结果在多大程度上可以推广到研究以外；也可以理解为，研究之外的情景与研究设计中规定的因果性假设的偏离程度。例如，研究之外的人群与实验中采用的样本具有很大的差异，或是研究之外的环境因素与实验中设置的情景大相径庭。另一方面，实验中所能够实施的干预也可能无法移植到实际情况之中。

为了改进这一问题，一种思路是将随机对照实验从实验室之内搬到实验室之外，即随机对照田野实验；另一种则是在更大的环境和样本群体中寻找替代性的自然实验。前者能够一定程度上使用更加接近真实情况的实验样本和实验环境，从而提升了外部有效性；但与此同时，由于脱离了实验室环境，作为样本的被试者更容易不服从实验干预，或是在随机分配过程中受到其他社会组织的干扰(Duflo et al.，2007)，因此其内部有效性反过来不可避免地受到了影响。同理，自然实验很大程度上提升了实验整体的外部有效性，但其内部有效性则被牺牲了更多。研究者必须更加全面的论证其实验设计在哪些方面保证了实验的效度，而在哪些方面存在潜在的问题。

(2) 理论性与应用性

不同的实验设计对理论假设和背景知识有不同的依赖程度。班纳吉和迪弗洛认为随机对照田野实验的最大价值在于告诉我们“什么是有用的”(what works)而非“为什么有用”(why things work)。基于发展经济学的实用性立场和对贫困问题的持续关注，他们认为，专家不能只对大问题泛泛而谈：贫穷的终极原因是什么？穷人是否能受益于民主制？外国援助能够怎样改善经济状况？听从这些理论的预测似乎完全无助于帮助穷人解决每天需要面对的饥饿、医疗、教育等各个方面的困难，而正是这一点一滴的难题将穷人们长久地限制在“贫穷陷阱”之中。由于随机对照实验最适合用来回答一项具体的干预举措究竟能否以及在多大程度上产生因果效应，因此班纳吉、迪弗洛等人将其广泛地应用于回答这些“小问题”，通过实验来揭示：应该向疟疾地区的贫困家庭免费提供蚊帐还是以优惠价出售？对营养不良的家庭来说，应该发放能量效率更高的主食还是维生素补剂(班纳吉等，2018)[8]？对这些问题进行有针对性的随机田野实验，几乎可以立竿见影地回答这些应用问题，而不需要纠结于选择理论和模型。

也正是因此，2019 年的诺贝尔经济学奖将他们的贡献描述为“提供了减轻贫困问题的方法”(Nobel Prize Committee，2019)。但与此同时，迪顿和卡特赖特(Deaton & Cartwright，2018)担心对“理论独立性”的强调将会阻碍经济学向着成熟的理论体系发展。一方面，这种实验设计思路并没能很好地利用现有的理论和背景知识；另一方面，这些研究成果难以整合到现有的理论框架之中(更不必说研究者并不以此为目的)。这种“结构性的匮乏”同时阻碍了实验结果扩展其外部有效性。一项具体实验研究成果的理论性和应用性往往很难兼顾。

(3) 因果效应与因果机制

随机对照实验的主要目标就是对干预导致的因果效应进行准确测算。然而，通过计算公式(4.1 节)可看出，研究者原则上只需要考察干预前和干预后两个状态，对于该因果过程具体以怎样的机制发生则并不能获得更多的信息。例如在药物有效性临床测试中，患者的好转可能是基于不同的机制实现的，但我们无法仅仅根据实验结果就进行确认。在 4.2 节中，实验室实验提供的分子生物学证据有助于补充这一缺失的机制信息。

认识因果效应与认识因果机制之间的关系就好比是学会开车和学会修车之间的关系。前者只需要我们知道哪些开关可以导致哪些结果，后者则要求清楚地了解从发动机到油门再到车轮之间每一个环节是如何相互连接和作用的。社会科学中因果机制的识别同时需要依赖于观察式研究，如过程追踪(process tracing)、历史分析(historical analysis)、详尽个案研究，等等(King et al.,1994)[85]。

这并不意味着若某种实验方法只能提供一种形式的因果信息，那么它就存在重大缺陷；相反，正如内部有效性的提高通常会使得实验结论的适用性减小，当实验结果提供的因果信息越精确，其形式便越受限。若实验提供的是对因果效应大小的估算，那势必要求实验者将目标因果关系从复杂系统中分离出来，因而缺少了机制信息。同样的，若实验能够考察因果机制，则无法对其中的具体因果效应进行估算，因为此时的因果图通常较为复杂，难以找到适当的干预变量。因此，包含机制和效应的完整因果说明必须以多种方法的结合为前提，而不是依赖于某种单一方法。

6.2 主要创新点

本书的研究意义主要体现在两个方面。

首先，评述了两类实验方法的实际研究案例，深入分析并尝试回应了围绕实验的方法论争辩，包括可重复危机、研究方法的黄金标准、自然实验定义，等等。跟随科学实验哲学研究进路审视这些案例，理解和分析了实验中涉及的核心概念问题，具体包括实验的因果推理、可操控性、可重复性、分组策略，等等。辨析和界定这些概念不仅能够说明实验的重要特征，对于构建关于科学实验的哲学理论来说更是必要的。科学哲学如果想要和科学成为相互促进的盟友，避免成为物理学家费曼(Richard P. Feynman)所调侃的“鸟类学家和鸟类”般的关系①(Epstein，2012)[8]，就需要密切关注前沿科学研究中的发展动态与实际问题，并给出哲学视角的分析和阐释。

其次，从特定类型实验切入具体地讨论社会科学实验的哲学问题。此前的科学实验哲学研究大多数还是将实验视为均匀一致的整体，或是对实验以哲学概念为标准进行分类，而非采用科学实践中常用的分类方式。本书对实践中流行的两种不同类型实验分别进行讨论，同时穿插了比较分析，有助于在多元化、差异化的实践立场上审视哲学问题。在建立对实验方法的基本说明时，从前沿实证研究情景出发、以权威实验设计教科书和经典研究案例为参照，而不是停留于使用自然科学实验的典型例子与评价标准。这扩充了新实验主义以来的科学实验哲学以经典物理学实验为主要对象的讨论域，拓展了其说明对象，对经典概念提出了新的阐释，补充了前沿科学研究成果提供的研究案例。

本书的创新点共有四点。

创新点一是围绕可重复性的概念分析。通过对重复实验、实验的可重复性、可重复原则这三个不同层次的重复性概念的区分，对近年来在科学界上演的“重复性危机”问题进行了澄清和细化，并以此为新的框架对相应问题给出了较有原创性的解释和回答。在此基础上，本书分析了重复实验作为一类实验方案设计，如何通过填充实验结果的“无尽开放性”实现知识的扩展和稳定。通过梳理重复实验的历史意义和实践形式，反驳了柯林斯“科学家几乎不做重复实验”的论断(柯林斯，2007)[19]，并指出不同类型的重复实验设计如何有助于推进科学研究。接着提出一种针对不同实验研究对象的分类框架，以对不同类型实验之间出现的可重复性差异进行本体论原因分析，并提供两种可能的改进策略。此外，文章还评述了对于作为规范的可重复原则的哲学批评，并补充了可重复原则与实验结果真假性之间关系多样性的论证。在性质的层面上去定义可重复性、论述其本体论成因，有助于理解可重复危机的学科间差异，并进而对无差别的重复性实验规范进行批评。

创新点二是针对随机对照实验在证据等级中占据的“黄金标准”地位，

① 这句引言在科学哲学学界十分著名。但可惜的是它的出处并不明确，很可能只是托名于费曼。不过，这句话仍然可以视为值得科学哲学研究者反思的一个警示。见 Hasok Chang2016 年在英国皇家学会的获奖演讲。https://royalsociety.org/science-events-and-lectures/2016/05/wilkins-bernal-medawar-lecture-prof-hasok-chang/.

讨论了其因果推理逻辑及现有的批评。从统计学结构看，理想的随机对照实验能够对因果效应进行内部有效性高的无偏估计，因此不少科学家以之作为研究方法的黄金标准。本书从随机对照实验设计和实施中的显著性检验、外部有效性、随机化操作三个层次的分析指出其可靠性并非不言自明。此外，研究因果关系还应考虑基于机制的证据，而该证据类型被目前的证据等级所忽略。结合维生素 C 癌症疗法的历史案例和相关研究进展表明探究因果关系应尽可能地综合源于不同方法的因果效应和因果机制证据。综上，以随机对照实验作为唯一和最佳的研究方法标准并不适当，而是应该考虑多种方法和证据的整合。

创新点三是对于自然实验三种主流定义的提炼与评析。作为一种近十年来在社会科学中日益流行的研究方法，该方法的定义在学界尚未达成明确一致，研究者则通常采用工具性的使用态度。目前存在的三种定义分别是：利用自然或社会事件、比较法，以及模仿随机化分组。结合社会科学和医学研究案例，本书说明了三种定义各自的适用范围以及局限性，并进一步分析了它们之间的关联，并指出定义二更加符合自然实验的适用范围和优势，能突出反映其设计思路与特征。根据定义二，自然实验不能还原为实验室实验或者观察，而是占据了此二者之间独立方法论位置。

创新点四是对以随机化为代表的实验分组策略进行了评述。首先，详细论述了随机化、近似随机化和匹配作为分组策略的差异和共同点，强调实现样本的均匀分组是实验设计的真正目标。其次，提供了一种新的论证思路，通过区分数学意义和实验意义上随机概念的区别，指出单单凭借随机过程本身并不能充分地实现实验者所宣称的消除选择偏误的方法论功能。最后，建议实验设计不应该过度依赖于使用随机化分配。

6.3 研究展望

作为一项初步的研究工作的阶段性成果，本书还存在一些不足之处，有待于今后在学术的道路上继续探索和补足。

首先，鉴于所选题目的交叉学科性质，本书对其中涉及的非本专业学科知识还可以继续进行深入学习和全面把握。虽然作者具有自然科学的本科专业基础和科学实验技能，通过旁听社会科学领域的课程和讲座、阅读相关教科书、以被试者身份亲身参与了对照实验，但仍然需要加深对相关实验方法的理解。这种理解不应该只是基于文本材料，而是需要通过对实验者的访谈交流、跟踪实验研究小组、参与实验设计环节等多种方式，来建立对实验实践的切身体会和反思。

其次，本书只选取了两种特殊实验类型进行讨论，尚不能充分地展现出实验方法的多样性面貌。在早期的开题调研中，笔者窥见了前沿科学方法的多样性，其中重要的研究对象至少还包括思想实验、计算机模拟实验，等等。受限于时间精力，笔者仅对计算机模拟实验进行了初步的了解。计算机模拟往往被视为一种虚拟（virtual）实验。在方法论上，它是数学模型和实验模型的混合体。在输入数学模型和边界条件之后，经过一段时间的演算运行，计算机模拟实验能够输出时间序列数据。计算机模拟既包含了来自既往实验和观察所提供的经验信息，又包含了对所模拟的真实世界过程的虚拟表征，故而在构成要素上是物质性和非物质性成分的混合体。上述混合特性带来了多样性的发展潜力，也使得其相关哲学问题的讨论变得相对复杂，很难找到一个以一概全的回答。同时，模拟实验的干预和分组要素可能与本书涉及的两类实验有着较大的差异，因此如何沟通这些方法之间的关系、建立实验结果的整合方式，同样有待研究。

再次，本书对一般实验的特征研究还有待进一步扩展，以建立更加完整的说明框架。文中只初步选取了可重复性和可操控性两个特征加以讨论。其他特征——如实验的物质性——也是近年来较为热门的议题，集中呈现于计算机模拟实验认识论地位的争论中。例如，摩根（Morgan，2003）认为传统实验具有的物质性特征使其有可能产生意料之外的现象和结果，并能够推广至其他近似的物质系统中，因此其在认识论上优于计算机模拟实验。劳什（Roush，2017）的同等条件论证则认为，我们应该在设定研究目的同为回答关于真实世界的一个确定问题时，再去比较计算机模拟是否能提供与传统实验同等程度的回答和辩护。她通过卢瑟福 α 粒子散射实验为例构造了一个同等条件下的模拟实验，进而给出了否定的答案。后续的批评者们则质疑了物质性层面的所谓近似性的判断标准，并试图论证计算机模拟并不劣于传统实验。笔者认为，其中真正的困难可能在于论证计算机模拟对于传统实验来说不可替代的功能在于何处，以及物质性究竟在何种程度上影响了实验结果的类型和质量。可见，对实验特征的研究仍存在着许多开放性的问题。

最后，虽然本书尝试从实验设计的角度沟通不同实验方法，试图论证科学实验在呈现多样性的同时也具备共同的逻辑基础，但这里仍然遗留了一个重要的问题，即：如何实现不同类型实验结果之间的有机结合？这一问题同时意味着我们需要说明如何对现有的不同来源证据进行合理的筛选和评估，以及如何处理其中的冲突和矛盾。本书对维生素 C 癌症疗法的案例研究带来的后续问题正是如何恰当地评估和整合队列研究、随机对照实验以及分子生物学提供的不同证据。4.4 节初步讨论的元分析是基于新的科学工具提出的一个研究进路，其中只涉及了对不同来源的随机对照实验的证据综合问题。对于跨方法的证据综合问题的全面研究还需要大量工作。

参考文献

阿多，2015. 伊西斯的面纱[M]. 张卜天，译. 上海：华东师范大学出版社.

班纳吉，迪弗洛，2018. 贫穷的本质：我们为什么摆脱不了贫穷[M]. 景芳，译. 北京：中信出版社.

贝尔纳，1996. 实验医学研究导论[M]. 夏康农，管光东，译. 北京：商务印书馆.

珀尔，麦肯齐，2019. 为什么：关于因果关系的新科学[M]. 江生，于华，译. 北京：中信出版社.

陈少威，王文芹，施养正，2016. 公共管理研究中的实验设计——自然实验与田野实验[J]. 国外理论动态，5：76—84.

陈巍，2014. 可重复性：盘旋在具身认知实验室上方的“幽灵”[J]. 心理技术与应用，(1)：23—25.

陈向群，马雷，2016. 实验优位还是理论优位？——哈金新实验主义思想简评[J]. 自然辩证法研究，32(1)：20—24.

初维峰，2016. 因果关系的操控理论与因果多元主义[J]. 自然辩证法通讯，38(2)：28—34.

戴蒙德，2017. 为什么有的国家富裕，有的国家贫穷[M]. 栾奇，译. 北京：中信出版社.

代书峰，2013. 科学实验的哲学意义分析[D]. 太原：山西大学.

代涛涛，陈志霞，2019. 行为公共管理研究中的实验方法：类型与应用[J]. 公共行政评论，6：166—203.

董心，2019. 再析干涉主义因果理论[J]. 哲学动态，(11)：120—126.

哈金，2006. 实验室科学的自我辩护[M]//皮克林. 作为实践和文化的科学. 柯文，伊梅，译. 北京：中国人民大学出版社.

哈金，2010. 表征与干预：自然科学哲学主题导论[M]. 王巍，孟强，译. 北京：科学出版社.

何华青，2009. 新实验主义研究[D]. 北京：清华大学.

何华青，吴彤，2008. 实验的可重复性研究——新实验主义与科学知识社会学比较[J]. 自然辩证法通讯，30(4)：42—48.

霍恩，2015. 实验的偶像：超越“等等列表”[M]//拉德 H. 科学实验哲学. 吴彤，何华青，崔波，译. 北京：科学出版社：150—170.

简泽，张涛，伏玉林，2014. 进口自由化、竞争与本土企业的全要素生产率——基于中国加入 WTO 的一个自然实验[J]. 经济研究，49(8)：120—132.

今井耕介,2020.量化社会科学导论[M].祖梓文,徐铁青,译.上海:上海财经大学出版社.

柯林斯,2007.改变秩序:科学实践中的复制与归纳[M].成素梅,张帆,译.上海:上海科技教育出版社.

库恩,2004.必要的张力:科学的传统和变革论文选[M].范岱年,纪树立,译.北京:北京大学出版社.

拉德.科学实验哲学[M].吴彤,何华青,崔波,译.北京:科学出版社,2015.

李露露,2019.论社会科学实验与社会科学的发展[D].厦门:厦门大学.

李强,2016.实验社会科学:以实验政治学的应用为例[J].清华大学学报(哲学社会科学版),31(4):41—42.

李珍,2020.论干预主义因果论为非还原物理主义的辩护——兼评伍德沃德与鲍姆加特纳的论战[J].自然辩证法研究,36(11):14—19.

李卓,2011.计算机模拟方法的哲学研究[D].哈尔滨:哈尔滨师范大学.

林祥磊,2016.论生态学实验可重复性与伪重复的关联[J].科学技术哲学研究,33(1):102—107.

刘大椿,2006.科学哲学[M].北京:中国人民大学出版社.

刘生龙,2021.社会科学研究中的断点回归设计:最新代表性研究及其展望[J].公共管理评论,3(2):140—159.

陆方文,2020.随机实地实验:理论、方法和在中国的运用[M].北京:科学出版社.

罗俊,2020.计算・模拟・实验:计算社会科学的三大研究方法[J].学术论坛,1:35—49.

罗斯,2007.社会科学诸学科的变化轮廓[M]//波特,罗斯,编.现代社会科学.第七卷翻译委员会,译.郑州:大象出版社:175—203.

马晓俊,2007.科学实验的哲学研究[D].上海:复旦大学.

彭新波,2015.证据理论视野下社会科学因果关系问题[J].自然辩证法研究,31(12):9—13.

钱雪松,康瑾,唐英伦,等,2018.产业政策、资本配置效率与企业全要素生产率——基于中国2009年十大产业振兴规划自然实验的经验研究[J].中国工业经济,8:42—59.

孙明贺,2006.社会科学中的计算机实验方法研究[D].上海:东华大学.

汪丁丁,1996."卢卡斯批判"以及批判的批判[J].经济研究,3:69—78.

王俊杰,2016.实证经济学方法研究的进展与困境[J].统计与决策,9:18—22.

王鹏,2016.科学实验与概念阐明——基于科学实践的考察[D].广州:华南理工大学.

王巍,2011.说明、定律与因果[M].北京:清华大学出版社.

王巍,2013.科学哲学问题研究[M].第2版.北京:清华大学出版社.

王阳,肖昆,2020.可重复性危机与预注册新进路[J].科学学研究,38(5):779—786.

王阳,肖昆,2021.论控制偏见的编辑制度革命——关于预注册遏制可重复性危机的机理研究[J].科学学研究.

王泽南，2020. 从传统社会学到计算社会学的方法论探析[D]. 哈尔滨：哈尔滨工业大学.

吴建南，2018. 社会科学研究：实验、复制与中国学者的使命[J]. 实证社会科学，5(1)：3—7.

伍德沃德，2015. 实验、因果推论和工具实在论[M]//拉德. 科学实验哲学. 吴彤，何华青，崔波，译. 北京：科学出版社：76—102.

吴彤，孟强，2021. 科学实践哲学[M]. 北京：科学出版社.

夏平，谢弗，2008. 利维坦与空气泵：霍布斯、玻意尔与实验生活[M]. 蔡佩君，译. 上海：上海世纪出版集团.

肖晞，王琳，2017. 国际关系研究中的实验法[J]. 国际政治国际观察，2：28—43.

肖显静，2018a. 生态学实验"可重复"困难的原因及对策[J]. 科技导报，36(6)：8—16.

肖显静，2018b. 生态学实验"可重复原则"的应用策略[J]. 科学技术哲学研究，35(3)：1—9.

肖显静，2018c. 科学实验"可重复"的三种内涵及其作用分析[J]. 自然辩证法研究，34(7)：16—21.

徐丹，2013. 社会科学中的实验问题[D]. 太原：山西大学.

徐竹，2011. "介入之下的不变性"——论可操控性因果概念及其社会科学哲学意蕴[J]. 自然辩证法研究，27(3)：18—24.

许伟，陈斌开，2016. 税收激励和企业投资——基于 2004—2009 年增值税转型的自然实验[J]. 管理世界，5：9—17.

余莎，耿曙，2017. 社会科学的因果推论与实验方法[J]. 公共行政评论，2：178—188.

曾国屏，高亮华，刘立，等，2004. 当代自然辩证法教程[M]. 北京：清华大学出版社.

臧雷振，2016. 社会科学研究中实验方法的应用与反思——以政治学科为例[J]. 中国人民大学学报，5：150—156.

臧雷振，滕白莹，熊峰，2021. 全球视野中的社会科学实验方法：应用比较与发展前瞻[J]. 广西师范大学学报(哲学社会科学版). 57(5)：12—31.

赵雷，2017. 重建社会科学的哲学基础——当代自然主义的解决方案研究[D]. 太原：山西大学.

赵雷，殷杰，2018. 社会科学中实验方法的适用性问题[J]. 科学技术哲学研究，35(4)：8—13.

郑金连，2007. 从哈金到拉德、劳斯——新实验主义的近期发展[D]. 北京：清华大学.

周红霞，2022. 科学研究的可重复性及其保障措施[J]. 科学学研究，40(6)：961—968，1104.

朱春奎，2018. 专栏导语：公共管理研究需要强化因果推理与实地实验[J]. 公共行政评论，1：83—86.

祖述宪，1996. 鲍林晚年的失误及其启示[J]. 自然辩证法研究，12(6)：30—34.

Angrist J D，1990. Lifetime Earnings and the Vietnam Era Draft Lottery：Evidence from Social Security Administrative Records[J]. American Economic Review，80(3)：

313—336.

Angrist J D, Krueger A B, 1991. Does Compulsory School Attendance Affect Schooling and Earnings? [J]. Quarterly Journal of Economics, 106(4): 979—1014.

Angrist J D, Pischke J-S, 2009. Mostly Harmless Econometrics: An Empiricist's Companion[M]. Princeton: Princeton University Press.

Angrist J D, Pischke J-S, 2010. The Credibility Revolution in Empirical Economics: How Better Research Design Is Taking the Con out of Econometrics[J]. Journal of Economic Perspectives, 24(2): 3—30.

Baell J, Walters M A, 2014. Chemistry: Chemical Con Artists Foil Drug Discovery[J]. Nature, 513(7519): 481—483.

Baker A, Young K, Potter J, et al., 2010. A Review of Grading Systems for Evidence-based Guidelines Produced by Medical Specialties[J]. Clinical Medicine, 10(4): 358—363.

Baker M, 2016. 1,500 Scientists Lift the Lid on Reproducibility[J]. Nature, 533(7604): 452—454.

Banerjee A V, 2007. Making Aid Work[M]. New York: The MIT Press.

Banerjee A V, Duflo E, 2014. The Experimental Approach to Development Economics [M]//Teele D L. Field Experiments and Their Critics: Essays on the Uses and Abuses of Experimentation in the Social Sciences New Haven: Yale University Press: 78—114.

Barnett-Cowan M, 2012. An Open, Large-scale, Collaborative Effort to Estimate the Reproducibility of Psychological Science[J]. Perspectives on Psychological Science, 7(6): 657—660.

Baumgartner M, 2009. Interdefining Causation and Intervention[J]. Dialectica, 74: 981—995.

Beatty J, 2006. "Replaying Life's Tape." [J]. Journal of Philosophy, 103: 336—362.

Benjamin D J, Berger J O, 2018. Redefine Statistical Significance[J]. Nature Human Behaviour, 2(1): 6—10.

Bennett D, 2011. Defining Randomness[M]//Bandyopadhyay P S, Forster M R. Philosophy of Statistics. Oxford: North Holland: 633—639.

Berger V W, Bears J, 2003. When Can A Clinical Trial Be Called "Randomized"? [J]. Vaccine, 21: 468—472.

Berger V W, 2005. Selection Bias and Covariate Imbalances in Randomized Clinical Trials [M]. Chichester: JohnWiley & Sons Ltd.

Bluhm R, 2005. From Hierarchy to Network: A Richer View of Evidence for Evidence-based Medicine[J]. Perspectives in Biology and Medicine, 48(4): 535—547.

Borenstein M, Hedges L V, Higgins J P T, et al., 2009. Introduction to Meta-analysis [M]. Chichester: John Wiley & Sons Ltd.

Boschiero L,2007. Experiment and Natural Philosophy in Seventeenth-century Tuscany: the History of the Accademia del Cimento[M]. Dordrecht: Springer.

Bothwell L E,Podolsky S H,2016. The Emergence of the Randomized,Controlled Trial [J]. The New England Journal of Medicine,375(6): 501—504.

Box G E P,1978. R. A. Fisher: The Life of A Scientist[M]. New York: John Wiley and Sons.

Baird D,2004. Thing Knowledge: A Philosophy of Scientific Instruments[M]. Oakland: University of California Press.

Brown J R, Fehige Y, 2022. Thought Experiments [Z]//Zalta E N. The Stanford Encyclopedia of Philosophy. Metaphysics Research Lab, Stanford University. https://plato. stanford. edu/archives/spr2022/entries/thought-experiment/.

Brown W A, 2013. The Placebo Effect in Clinical Practice[M]. New York: Oxford University Press.

Cameron E, Pauling L, 1976. Supplemental Ascorbate in the Supportive Treatment of Cancer: Prolongation of Survival Times in Terminal Human Cancer[J]. Proceedings of the National Academy of Sciences,73(10): 3685—3689.

Canadian Task Force on the Periodic Health Examination, 1979. The Periodic Health Examination[J]. Canadian Medical Association Journal,121: 1193—1254.

Cartwright N,2007. Are RCTs the Gold Standard? [J]. BioSocieties,2: 11—20.

Cartwright N,2010. What Are Randomised Controlled Trials Good for[J]. Philosophical Studies,147(1): 59—70.

Cartwright N, Munro E, 2010. The Limitations of Randomized Controlled Trials in Predicting Effectiveness[J]. Journal of Evaluation in Clinical Practice,16(2): 260—266.

Chavez-Macgregor M,Giordano S H,2016. Randomized Clinical Trials and Observational Studies: Is There A Battle? [J]. Journal of Clinical Oncology,34(8): 772—773.

Chen Q,Espey M G,Sun A Y,et al. ,2008. Pharmacologic Doses of Ascorbate Act as A Prooxidant and Decrease Growth of Aggressive Tumor Xenografts in Mice[J]. Proceedings of the National Academy of Sciences of the United States of America, 105(32): 11105—11109.

Clark M H,Shadish W R,2012. Quasi Experiments[M]//Boslaugh S. Encyclopedia of Epidemiology. Thousand Oaks: SAGE Publications,Inc. : 877—879.

Collins H, Pinch T, 2005. Dr. Golem: How to Think about Medicine[M]. 1st ed. Chicago: University Of Chicago Press.

Cook D J, Guyatt G H, Laupacis A, et al. , 1992. Rules of Evidence and Clinical Recommendations on the Use of Antithrombotic Agents [J]. Chest, 102: 305s—311s.

Craig P, Cooper C, Gunnell D, et al. , 2012. Using Natural Experiments to Evaluate

Population Health Interventions: New Medical Research Council Guidance[J]. Journal of Epidemiology and Community Health, 66(12): 1182—1186.

Crane H, 2017. Why "redefining statistical significance" will not improve reproducibility and could make the replication crisis worse[J/OL]. Social Science Research Network electronic journal, 2017, [2017-11-19]. https://ssrn.com/abstract=3074083.

Creagan E T, Moertel C G, O'Fallon J R, et al., 1979. Failure of High-dose Vitamin C (Ascorbic Acid) Therapy to Benefit Patients with Advanced Cancer: A controlled Trial[J]. New England Journal of Medicine, 301(13): 687—690.

Cuesta B D L, Imai K, 2016. Misunderstandings about the Regression Discontinuity Design in the Study of Close Elections[J]. Annual Review of Political Science, 19: 375—396.

Currie A, 2018. The Argument from Surprise[J]. Canadian Journal of Philosophy, 48(5): 639—661.

Currie A, Levy A, 2019. Why Experiments Matter[J]. Inquiry, 62: 1066—1090.

Dasgupta A, 2011. Mathematical Foundations of Randomness[M]//Bandyopadhyay P S, Forster Malcolm R. Philosophy of Statistics. Oxford: Elsevier: 641—710.

Dear P, 2001. Revolutionizing the Sciences: European Knowledge and Its Ambitions, 1500—1700[M]. Basingstoke: Palgrave Macmillan.

Deaton A, 2009. Instruments of Development: Randomization in the Tropics, and the Search for the Elusive Keys to Economic Development[J]. National Bureau of Economic Research Working Paper, 146—190.

Deaton A, 2010. Instruments, Randomization, and Learning about Development[J]. Journal of Economic Literature, 48(2): 424—455.

Deaton A, Cartwright N, 2018. Understanding and Misunderstanding Randomized Controlled Trials[J]. Social Science & Medicine, 210: 2—21.

Diamond J, 1983. Laboratory, Field and Natural Experiments[J]. Nature, 304(5927): 586—587.

Diamond J, 1997. Guns, Germs, and Steel: the Fates of Human Societies[M]. New York: W. W. Norton.

Diamond J, Robinson J A, 2010. Natural Experiments of History[M]. Cambridge: Belknap Press.

Dickson M, Baird D, 2011. Significance Testing[M]//Bandyopadhyay P S, Forster M R. Philosophy of Statistics. Oxford: Elsevier: 199—229.

Doherty D, Green D, Gerber A, 2006. Personal Income and Attitudes Toward Redistribution: A Study of Lottery Winners[J]. Political Psychology, 27(3): 441—458.

Dowling D, 1999. Experimenting on Theories[J]. Science in Context, 12(2): 261—273.

Duflo E, Glennerster R, Kremer M, 2007. Using Randomization in Development Economics Research: A Toolkit [M]. Handbook of Development Economics. London: Elsevier: 3895—3962.

Dunning T, 2008. Improving Causal Inference: Strengths and Limitations of Natural Experiments[J]. Political Research Quarterly,61(2): 282—293.

Dunning T, 2012. Natural Experiments in the Social Sciences [M]. Cambridge: Cambridge University Press.

Eagle A, 2016. Probability and Randomness [M]//Hájek A, Hitchcock C. Oxford Handbook of Probability and Philosophy. Oxford: Oxford University Press.

Eberhardt F, Scheines R, 2007. Interventions and Causal Inference[J]. Philosophy of Science,74: 981—995.

Epstein M,2012. Introduction To The Philosophy Of Science[M]// Seale C,Researching Society and Culture,London: Sage,8.

Evans D,2003. Hierarchy of Evidence: A Framework for Ranking Evidence Evaluating Healthcare Interventions[J]. Journal of Clinical Nursing,(12): 77—84.

Evans K L,Duncan R P,Blackburn T M,2010. Investigating Geographic Variation in Clutch Size Using a Natural Experimen[J]. Functional Ecology,19(4): 616—624.

Fidler F, Wilcox J, 2021. Reproducibility of Scientific Results [Z]//Zalta E N. The Stanford Encyclopedia of Philosophy. Metaphysics Research Lab, Stanford University.
https://plato. stanford. edu/archives/sum2021/entries/scientific-reproducibility/.

Fisher R A,1915. Frequency Distribution of the Values of the Correlation Coefficient in Samples from an Indefinitely Large Population[J]. Biometrika,10: 507—521.

Fisher R A,1935. The Design of Experiments[M]. Edinburgh: Oliver and Boyd.

Fisher R A, (1925) 1992. Statistical Methods for Research Workers [M]//Kotz, S, Johnson,N L. Breakthroughs in Statistics. Springer Series in Statistics. New York: Springer.

Fletcher S C,Landes J,Poellinger R,2019. Evidence Amalgamation in the Sciences: An Introduction[J]. Synthese,196: 3163—3188.

Fontaine P, Leonard R, 2005. Introduction [M]. The Experiment in the History of Economics. Oxon: Routledge: 1—3.

Franklin L R,2005. Exploratory Experiments[J]. Philosophy of Science,72: 888—899.

Freedman D,Pisani R,Purves R,2007. Statistics[M]. 4th ed. New York: W. W. Norton, Inc.

Freedman D,2008. On Regression Adjustments to Experimental Data[J]. Advances in Applied Mathematics,40: 180—193.

Frei B,Lawson S,2008. Vitamin C and Cancer Revisited[J]. Proceedings of the National Academy of Sciences,12; 105(32): 11037—11038.

Frieden T R, 2017. Evidence for Health Decision Making em dash——Beyond Randomized, Controlled Trials[J]. New England Journal of Medicine, 377(5): 465—475.

Galiani S, Schargrodsky E, 2010. Property Rights for the Poor: Effects of Land Titling [J]. Journal of Public Economics, 94: 700—729.

Galison P, 1997. Image and Logic: A Material Culture of Microphysics[M]. Chicago and London: The University of Chicago Press.

Gelman A, 2014. Experimental Reasoning in Social Science[M]//Teele D L. Field Experiments and Their Critics: Essays on the Uses and Abuses of Experimentation in the Social Sciences New Haven: Yale University Press: 185—195.

Gest H, 2000. Bicentenary Homage to Dr Jan IngenHousz, MD (1730—1799), Pioneer of Photosynthesis Research[J]. Photosynthesis Research, 63(2): 183—190.

Gonzalez W J, 2003. Rationality in Experimental Economics: An Analysis of R. Selten's Approach[M]//Galavotti M C. Observation and Experiment in the Natural and the Social Sciences. Dordrecht: Kluwer: 71—83.

Gonzalez W J, 2007. The Role of Experiments in the Social Sciences: the Case of Economics[M]//Kuipers T A. General Philosophy of Science: Focal Issues. Amsterdam: Elsevier: 275—301.

Grant, P R, 1998. Evolution on Islands[M]. Oxford: Oxford University Press.

Greenhalgh T, 2014. How to Read A Paper: the Basics of Evidence-based Medicine[M]. 5th ed. West Sussex: JohnWiley & Sons Ltd.

Grossman J, Mackenzie F J, 2005. The Randomized Controlled Trial: Gold Standard, or Merely Standard? [J]. Perspectives in Biology and Medicine, 48(4): 516—534.

Haavelmo T, 1944. The Probability Approach in Economics[J]. Econometrica, (12): 14.

Hacking I, 1983. Representing and Intervening: Introductory Topics in the Philosophy of Natural Science[M]. New York: Cambridge University Press.

Hacking I, 1988. Telepathy: Origins of Randomization Experimental Design[J]. ISIS, 79: 427—451.

Hacking I, 1995. The Looping Effects of Human Kinds[M]//Sperber D, Premack D, Premack A J. Symposia of the Fyssen Foundation Causal Cognition: A Multidisciplinary Debate. New York: Clarendon Press: 351—394.

Hájek A, 2012. Interpretations of probability[Z]//Zalta Edward N. The Stanford Encyclopedia of Philosophy.
https://plato. stanford. edu/archives/win2012/entries/probability-interpret/.

Hall N S, 2007. R. A. Fisher and His Advocacy of Randomization[J]. Journal of the History of Biology, 40: 295—325.

Hariton E, Locascio J J, 2018. Randomised Controlled Trials——the Gold Standard for Effectiveness Research: [J]. British Journal of Obstetrics and Gynaecology,

125(13): 1716.

Harré R, 2003. The Materiality of Instruments in A Metaphysics for Experiments[M]// Radder H. The Philosophy of Scientific Experimentation. Pittsburgh: University of Pittsburgh Press: 19—38.

Harris R P, Helfand M, Woolf S H, et al., 2001. Current Methods of the U. S. Preventive Services Task Force[J]. American Journal of Preventive Medicine, 20(1): 21—35.

Hausman D, 1997. Causation, Agency, and Independence[J]. Philosophy of Science, 64 (4): S15—S25.

Hausman D, Woodward J, 2004. Manipulation and the Causal Markov Condition[J]. Philosophy of Science, 71(5): 846—856.

Heckman J J, 2000. Causal Parameters and Policy Analysis in Economics: A Twentieth Century Retrospective[J]. Quarterly Journal of Economics, 115: 45—97.

Heckman J J, Urzua S, 2010. Comparing IV with Structural Models: What Simple IV Can and Cannot Identify[J]. Journal of Econometrics, 156(1): 27—37.

Higgins J P T, Thomas J, Chandler J, et al., 2021. Cochrane Handbook for Systematic Reviews of Interventions, version 6. 2 (updated February 2021)[Z]. Cochrane. www. training. cochrane. org/handbook.

Hill A B, 1965. The Environment and Disease: Association or Causation? [J]. Proceedings of the Royal Society of Medicine, 58: 295—300.

Holland P W, 1986. Statistics and Causal Inference[J]. Journal of the American Statistical Association, 81(396): 945—960.

Holman B, 2018. In Defense of Meta-analysis[J]. Synthese, 196: 3189—3211.

Hon G, 2003. An Attempt at a Philosophy of Experiment[M]//Galavotti M C. Observation And Experiment In The Natural And Social Sciences. New York: Kluwer Academic Publishers: 259—284.

Illari P M, Russo F, Williamson J, 2011. Why Look at Causality in the Sciences? A Manifesto[M]//Illari P M, Russo F, Williamson J. Causality in the Sciences. Oxford: Oxford University Press: 3—22.

Imai K, King G, Stuart E A, 2014. Misunderstandings Between Experimentalists and Observationalists about Causal Inference[M]//Teele D L. Field Experiments and Their Critics: Essays on the Uses and Abuses of Experimentation in the Social Sciences New Haven: Yale University Press: 196—227.

Imbens G W, 2010. Better LATE Than Nothing: Some Comments on Deaton (2009) and Heckman and Urzua (2009)[J]. Journal of Economic Literature, 48: 399—423.

Imbens G W, Rubin D B, 2015. Causal Inference for Statistics, Social and Biomedical Sciences: an Introduction[M]. New York: Cambridge University Press.

Innocenti A, Zappia C, 2005. Thought and Performed Experiments in Hayek and Morgenstern[M]//Fontaine P, Leonard R. The Experiment in the History of

Economics. Oxon/New York: Routledge.

Jadad A, Enkin M W, 2007. Randomized Controlled Trials: Questions, Answers, and Musings[M]. Oxford: Blackwell Publishing.

Jones D S, Podolsky S H, 2015. The History and Fate of the Gold Standard[J]. The Lancet, 385, 9977: 1502—1503.

Kagel J H, Roth A E, 2000. The Dynamics of Reorganization in Matching Markets: a Laboratory Experiment Motivated by A Natural Experiment[J]. The Quarterly Journal of Economics, 115(1): 201—235.

Keller E F, 2003. Models, Simulation and "Computer Experiments"[M]//Radder H. The Philosophy of Scientific Experimentation. Pittsburgh: University of Pittsburgh Press: 198—215.

Kelly C D, 2006. Replicating Empirical Research in Behavioral Ecology: How and Why It Should Be Done but Rarely Ever Is[J]. The Quarterly Review of Biology, 81(3): 221—236.

Kincaid H, 2012. The Oxford Handbook of Philosophy of Social Science[M]. New York: Oxford University Press.

King G, Keohane R O, Verba S, 1994. Designing social inquiry: scientific inference in qualitiative research[M]. Chichester: Princeton University Press.

Klein U, 2003. Styles of Experimentation [M]//Galavotti M C. Observation And Experiment In The Natural And Social Sciences. New York: Kluwer Academic Publishers.

Knipschild P, 1994. Systematic Reviews: Some Examples[J]. British Medical Journal, 309: 719—721.

Kones R, Rumana U, Merino J, 2014. Exclusion of "Non-RCT evidence" in Guidelines for Chronic Diseases—Is It Always Appropriate? The Look AHEAD study[J]. Current Medical Research & Opinion, 30(10): 2009—2019.

Kraiser J, 2015. Vitamin C Could Target Some Common Cancers [J]. Science, 350 (6261): 619.

Kuipers T A F, 2007. General Philosophy of Science: Focal Issues[M]. Amsterdam: Elsevier.

Langecker M, Arnaut V, Martin T G, et al., 2013. Synthetic Lipid Membrane Channels Formed by Designed DNA Nanostructures [J]. Biophysical Journal, 338 (2): 932—936.

Laplane L, Mantovani P, Adolphs R, et al., 2019. Why Science Needs Philosophy[J]. Proceedings of the National Academy of Sciences of the United States of America, 116(10): 3948—3952.

Lauzon S D, Ramakrishnan V, Nietert P J, et al., 2020. Statistical Properties of Minimal Sufficient Balance and Minimization as Methods for Controlling Baseline Covariate

Imbalance at the Design Stage of Sequential Clinical Trials [J]. Statistics in Medicine, 39(19): 2506—2517.

Lawson T, 1997. Economics and reality[M]. London: Routledge.

Levi I, 1982. Direct Inference and Randomization[M]. PSA: Proceedings of the Biennial Meeting of the Philosophy of Science Association. Chicago: The University of Chicago Press on behalf of the Philosophy of Science Association: 447—463.

Linde K, Willich S, 2003. How Objective Are Systematic Reviews? Differences Between Reviews on Complementary Medicine[J]. Journal of the Royal Society of Medicine, 96: 17—22.

Mamede A C, Tavares S D, Abrantes A M, et al., 2011. The Role of Vitamins in Cancer: A Review[J]. Nutrition and Cancer, 63(4): 479—494.

Marchant J, 2018. When Antibiotics Turn Toxic[J]. Nature, 555(7697): 431—433.

Matthews J, 2006. Introduction to Randomized Controlled Clinical Trials [M]. Boca Raton: Taylor & Francis Group.

Mayo D G, 1994. The New Experimentalism, Topical Hypotheses, and Learning from Error[M]. PSA: Proceedings of the Biennial Meeting of the Philosophy of Science Association. The University of Chicago Press: 270—279.

Mayr E, 1997. This Is Biology: the Science of the Living World[M]. Harvard: Harvard University Press.

Mcnutt M, 2014. Reproducibility[J]. Science, 343(6168): 229.

Menzies P, Price H, 1993. Causation as A Secondary Quality[J]. British Journal for the Philosophy of Science, 44: 187—203.

Merton R K, Fiske M, Curtis A, 1946. Mass Persuasion: the Social Psychology of A War Bond Drive[M]. New York: Harper.

Meyer B D, 1995. Natural and Quasi-experiments in Economics[J]. Journal of Business & Economics Statistics, 13(2): 151—161.

Mill J S, 1965. On the Logic of the Moral Sciences[M]. Indianapolis: The Bobbs-Merrill Company, Inc.

Moertel C G, Fleming T R, Creagan E T, et al., 1985. High-dose Vitamin C Versus Placebo in the Treatment of Patients with Advanced Cancer Who Have Had No Prior Chemotherapy. A randomized Double-blind Comparison [J]. New England Journal of Medicine, 312(3): 137—141.

Mokashi S A, Rosinski B F, Desai M Y, et al., 2020. Aortic Root Replacement with Bicuspid Valve Reimplantation: Are Outcomes and Valve Durability Comparable to Those of Tricuspid Valve Reimplantation [J]. The Journal of Thoracic and Cardiovascular Surgery, S0022-5223(20): 31091—31096.

Morgan M S, 2005. Experiments Versus Models: New Phenomena, Inference and Surprise[J]. Journal of Economic Methodology, 12(2): 317—329.

Morgan M S, 2003. Experiments Without Material Intervention: Model Experiments, Virtual Experiments, and Virtually Experiments[M]//Radder H. The Philosophy of Scientific Experimentation. Pittsburgh: University of Pittsburgh Press: 216—235.

Morgan M S, 2013. Nature's Experiments and Natural Experiments in the Social Sciences[J]. Philosophy of the Social Sciences, 43(3): 341—357.

Murad M H, Asi N, Alsawas M, et al., 2016. New Evidence Pyramid[J]. Evidence Based Medicine, 21(4): 125—127.

Myrvold W C, 2021. Beyond Chance and Credence[M]. Oxford: Oxford University Press.

von Neumann, 1951. Various Techniques Used in Connection with Random Digits[M]// Householder A S, Forsythe G E, Germond H H. Monte Carlo Method. Washington, D. C: U. S. Government Printing Office: 36—38.

Norman G R, Streiner D L, 2000. Biostatistics: the Bare Essentials[M]. Hamilton: Decker.

Norton J D, 2015. Replicability of Experiment[J]. Theoria Revista De Teoría Historia Y Fundamentos De La Ciencia, 30(2): 229—248.

Nosek B A, Open Science Collaboration, 2012. An Open, Large-scale, Collaborative Effort to Estimate the Reproducibility of Psychological Science[J]. Perspectives on Psychological Science, 7(6): 657—660.

Nuzzo R, 2014. Scientific Method: Statistical Errors[J]. Nature, 506(151): 150—152.

Open Science Collaboration, 2015. Estimating the Reproducibility of Psychological Science[J]. Science, 349(6251): 943—950.

Ozonoff D, Boden L I, 1987. Truth and Consequences: Health Agency Responses to Environmental Health Problems[J]. Science, Technology, & Human Values, 12(3/4): 70—77.

Parke E, 2014. Experiments, Simulations, and Epistemic Privilege[J]. Philosophy of Science, 81: 516—536.

Parker W S, 2009. Does Matter Really Matter? Computer Simulations, Experiments, and Materiality[J]. Synthese, 169: 483—496.

Paylor R, 2009. Questioning Standardization in Science[J]. Nature Methods, 6, 253—254.

Pearl J, 2000. Causality: Models, Reasoning, and Inference[M]. Cambridge: Cambridge University Press.

Pearl J, Mackenzie D, 2018. The Book of Why: the New Science of Cause and Effect [M]. Basic Books.

Pickering A, 1992. Science as Practice and Culture[M]. Chicago and London: The University of Chicago Press.

Pickstone J V, 2001. Ways of Knowing: a New History of Science, Technology, and Medicine[M]. Chicago/London: University of Chicago Press.

Popper K R,1959. The Logic of Scientific Discovery[M]. Routledge.

Prati G, Mancini A D, 2021. The Psychological Impact of COVID-19 Pandemic Lockdowns: A Review and Meta-analysis of Longitudinal Studies and Natural Experiments[J]. Psychological Medicine,51(2): 201—211.

Radder H, 1992. Experimental Reproducibility and the Experimenters' Regress[J]. PSA: Proceedings of the Biennial Meeting of the Philosophy of Science Association, 1992: 63—73.

Radder H, 2003. Toward a More Developed Philosophy of Scientific Experimentation [M]//Radder H. The Philosophy of Scientific Experimentation. Pittsburgh: University of Pittsburgh Press: 1—18.

Reiss J, 2009. Counterfactuals, Thought Experiments, and Singular Causal Analysis in History[J]. Philosophy of Science,76(5): 712—723.

Reiss J,2013. Philosophy of Economics: A Contemporary Introduction[M]. New York: Routledge.

Richter S H,Garner J P,Würbel H,2009. Environmental Standardization: Cure or Cause of Poor Reproducibility in Animal Experiments? [J]. Nature Methods,6(4): 257—261.

Risjord M,2014. Philosophy of social science: A Contemporary Introduction[M]. New York: Routledge.

Ritchie S, c R, 2012. Replication, Replication, Replication[J]. Psychologist, 25(5): 346—348.

Rodrik D, 2008. The New Development Economics: We Shall Experiment, but How Shall We Learn? [J]. Harvard University John F Kennedy School of Government Working Paper: 8—55.

Rothwell P M,2005. External Validity of Randomised Controlled Trials: "To Whom Do the Results of This Trial Apply?"[J]. Lancet,365: 82—93.

Roush S, 2017. The Epistemic Superiority of Experiment to Simulation[J]. Synthese, 195: 4883—4906.

Royal Swedish Academy of Sciences,2002. Foundations of Behavioral and Experimental Economics: Daniel Kahneman and Vernon Smith[Z]. Advance information on the Prize in Economic Sciences 2002.
http://www. kva. se/.

Rubin D B,1974. Estimating the Causal Effects of Treatments in Randomized and Non-randomized Studies[J]. Journal of Educational Psychology,66: 688—701.

Russo F, 2011. Correlational Data, Causal Hypotheses, and Validity[J]. Journal for General Philosophy of Science,42: 85—107.

Sackett D L, 1986. Rules of Evidence and Clinical Recommendations on the Use of Antithrombotic Agents[J]. Chest,89: 2s—3s.

Sackett D L,Richardson W S,Rosenberg W,et al. ,2000. Evidence Based Medicine: How to Practice and Teach EBM (2nd ed) [M]. Edinburgh and London: Churchill Livingstone.

Salsburg D,2002. The Lady Tasting Tea: How Statistics Revolutionized Science in the Twentieth Century. New York: W. H. Freeman and Company.

Samuelson P A,Nordhaus W D,1985. Economics [M]. 12th ed. New York: McGraw-Hill.

Scazzieri R, 2003. Experiments, Heuristics and Social Diversity: A Comment on Reinhard Selten[M]//Galavotti M C. Observation And Experiment In The Natural And Social Sciences. New York: Kluwer Academic Publishers: 85—98.

Schulz K, Grimes D, 2019. Essential Concepts in Clinical Research: Randomised Controlled Trials and Observational Epidemiology[M]. Edinburgh: Elsevier.

Scottish Intercollegiate Guidelines Network (SIGN). A Guideline Developer's Handbook. Edinburgh: SIGN; 2019. (SIGN publication no. 50). [November 2019]. Available from URL:
http://www. sign. ac. uk.

Seawright J, 2010. Regression-Based Inference: A Case Study in Failed Causal Assessment[M]// Brady H E,Collier D. Rethinking Social Inquiry: Diverse Tools, Shared Standards (2nd Edition). Washington DC: Rowman and Littlefield, 247—271.

Shadish W R,Cook T D,Campbell D T,2001. Experimental and Quasi-experimental Designs for Generalized Causal Inference[M]. Boston: Houghton Mifflin.

Shapin S,1988. The House of Experiment in Seventeenth-century England[J]. ISIS, 79(3): 373—404.

Silverman W A,1981. Gnosis and Random Allotment[J]. Controlled Clinical Trials,2: 161—166.

Sims C A,2010. But Economics Is Not An Experimental Science[J]. Journal of Economic Perspectives,24(2): 59—68.

Snow J,1855. On the Mode of Communication of Cholera[M]. London: John Churchill.

Stahel W A,2016. Statistical Issues in Reproducibility[M]//Atmanspacher H,Massen, S. Reproducibility: Principles,Problems,Practices,and Prospects. New York: John Wiley & Sons: 87—114.

Steel D,2008. Across the Boundaries. Extrapolation in Biology and Social Science[M]. Oxford University Press.

Stegenga J,2011. Is Meta-analysis the Platinum Standard of Evidence? [J]. Studies in History and Philosophy of Science Part C: Studies in History and Philosophy of

Biological and Biomedical Sciences,42(4): 497—507.

Steinle F,2006. Concept Formation and the Limits of Justification: "Discovering" the Two Electricities [M]//Schickore J, Steinle F. Revisiting Discovery and Justification: Historical and Philosophical Perspectives on the Context Distinction. Netherlands: Springer: 183—195.

Steinle F, 2016. Stability and Replication of Experimental Results: A Historical perspective [M]//Atmanspacher H, Massen, S. Reproducibility: Principles, Problems,Practices,and Prospects. New York: John Wiley & Sons: 87—114.

Stigler S M, 1978. Mathematical Statistics in the Early States [J]. The Annals of Statistics,6: 239—265.

Strevens M, 2007. Review of Woodward, Making Things Happen[J]. Philosophy and Phenomenological Research,74: 233—249.

Stuart A,1962. Basic Ideas of Scientific Sampling[M]. London: Charles Griffin.

Sutton A J,Higgins J P T,2008. Recent Developments in Meta-analysis[J]. Statistics in Medicine,27: 625—650.

Teele D L,2014. Field Experiments and Their Critics: Essays on the Uses and Abuses of Experimentation in the Social Sciences[M]. New Haven: Yale University Press.

Thoma J, 2016. On the Hidden Thought Experiments of Economic Theory [J]. Philosophy of the Social Sciences,46(2): 129—146.

Walsh M, Srinathan S K, Mcauley D F, et al. , 2014. The Statistical Significance of Randomized Controlled Trial Results is Frequently Fragile: A Case for a Fragility Index[J]. Journal of Clinical Epidemiology,67(6): 622—628.

Watts T W,Duncan G J,Quan H,2018. Revisiting the Marshmallow Test: A Conceptual Replication Investigating Links Between Early Delay of Gratification and Later Outcomes[J]. Psychological Science,29(7): 1159—1177.

Webster M,Sell J,2014. Why Do Experiments? [M]. Laboratory Experiments in the Social Sciences. Waltham: Elsevier: 5—21.

Williams C R,2019. How Redefining Statistical Significance Can Worsen the Replication Crisis[J]. Economics Letters,181: 65—69.

Wilson M C, Hayward R S A, Tunis S R, et al. , 1995. Users Guide to the Medical Literature. Ⅷ. How to Use Clinical Practice Guidelines; B. What Are the Recommendations and Will They Help You in Caring for Your Patients[J]. JAMA, 274: 1630—1632.

Wimsatt W,2015. Models and Experiments? An Exploration[J]. Biology and Philosophy Symposium on Simulation and Similarity: Using Models to Understand the World, 30(2): 293—298.

Woodward J,1997. Explanation,Invariance,and Intervention[J]. Philosophy of Science, 64: S26—S41.

Woodward J,2000. Explanation and Invariance in the Special Sciences[J]. The British Journal for Philosophy of Science,51: 1197—1254.

Woodward J,2003. Experimentation,Casual Inference,and Instrumental Realism[M]// Radder H. The Philosophy Of Scientific Experimentation. Pittsburgh: University of Pittsburgh Press: 87—118.

Woodward J,2005. Making Things Happen: A Theory of Causal Explanation[M]. New York: Oxford University Press.

Woodward J, 2015. Methodology, Ontology, and Interventionism [J]. Synthese, 192: 3577—3599.

Woodward J, 2016. Causation and Manipulability [Z]//Zalta E N. The Stanford Encyclopedia of Philosophy. Metaphysics Research Lab, Stanford University. https://plato. stanford. edu/archives/win2016/entries/causation-mani/.

Woolf S H, Battista R N, Anderson G M, et al. , 1990. Assessing the Clinical Effectiveness of Preventative Maneuvers: Analytic Principles and Systematic Methods in Reviewing Evidence and Developing Clinical Practice Recommendations [J]. Journal of Clinical Epidemiology 43,891—905.

Worrall J,2002. What Evidence in Evidence-based Medicine? [J]. Philosophy of Science, 69: S316—S330.

Worrall J,2007a. Why There's No Cause to Randomize[J]. British Journal for the Philosophy of Science,58 (3): 451—488.

Worrall J, 2007b. Evidence in Medicine and Evidence-based Medicine[J]. Philosophy Compass,2(6): 981—1022.

Worrall J, 2010. Evidence: Philosophy of Science Meets Medicine [J]. Journal of Evaluation in Clinical Practice,16(2): 356—362.

Von Wright G H, 1971. Explanation and Understanding[M]. London: Routledge and Kegan Paul.

Yun J, Mullarky E, Lu C, et al. , 2015. Vitamin C Selectively Kills KRAS and BRAF Mutant Colorectal Cancer Cells by Targeting GAPDH [J]. Science, 350 (6266): 1391—1396.

Zhao W, Hill M D, Palesch Y, 2015. Minimal Sufficient Balance—A New Strategy to Balance Baseline Covariates and Preserve Randomness of Treatment Allocation[J]. Statistical Methods in Medical Research,24(6): 989—1002.

后　　记

时光匆匆,完成这本论文时我已在清华园学习生活了十年,占据了我已走过人生的三分之一。十年间,我和清华园一起在缓慢的流变中成长和沉淀,一切似乎都在变,而一切也似乎都没有变。从清华大学材料学院(2012年本科入学时还是材料科学与工程系),到社科学院科学技术与研究所,再到人文学院科学史系,几经辗转,终是留下了这本博士学位论文作为最珍贵的纪念品。

我一直希望从事科学实验方法的相关研究,加上导师王巍教授长期以来对学生研究兴趣的尊重,最终促成了博士学位论文的选题。在硕博连读考核之前,我拟定的硕士论文题目是"自然实验的方法与意义"。在导师的建议下,我将博士论文题目进行了进一步扩展,将经常与自然实验进行对比论述的随机对照实验纳入选题。可以说,博士论文的工作伊始只是确定了这两个研究对象,彼时我还苦恼于如何将它们融合为一个完整的研究问题。幸运的是,经过三年的不断思索完善,我找到了在自己看来尚且可以接受的、两种实验方法之间的共同基础,并且最终搭建起来一个可以容纳未来进一步工作的研究框架。

随着文献阅读的不断积累和思考的逐渐深入,我愈发确定实验方法论的研究意义和价值。中国的科学技术发展在飞速赶超西方,其中科学研究的物质投资很大程度上被用于设计和实施各种实验。并且,这一趋势已然从自然科学蔓延到社会科学甚至是人文领域(如近年来十分流行的实验哲学:通过实验和调查来考察人们的思维方式是否符合哲学家的论断)。而实验作为方法,其本身只是工具。而工具只有在合适的使用场景和正确的使用技巧的配合下,才能最大程度上发挥出它的效力。在我看来,科学哲学的实验方法论研究目前的主要任务就是去辨别和提炼上述"附加条件";如果盲目地认为拥有了工具就一定能带来成果,其失败甚至危害是可以预见的。

在学期间的前几年我曾一度因为没有学术成果而苦恼,多亏了导师与我反复讨论和修改文章，让我逐渐把握了学术写作的逻辑和要求，才使我的小论文最终得以被期刊接收和发表。也是在不断尝试小论文写作和投稿的过程中，我逐渐对自己的选题增强了信心，逐步论证了选题的必要性和研究意义。往大了说，我的苦恼也源于一个理工科背景的学生在转至哲学一级学科研究时的不适应。虽然，各位老师前辈们常说，要做好科技哲学研究，必须有扎实的自然科学知识基础。但是，仅凭借着这些知识基础，学生们只是更容易读懂科史哲文献中的科学部分，对看上去高深莫测的“哲学”部分则往往不得要领，或是难以深入。因此，很有必要时常跳出具体的史料和案例，站在更高的视角来审视自己的工作方向。对此，导师时常提醒我们，不必过分深究哲学理论，而是思考如何做科学哲学研究才能让科学家也认可你的研究价值。因此，当我看到自己 2020 年和 2021 年发表的小论文分别被生物学、农学、医学、体育学、社会学领域的研究者引用时，欣慰地感觉到自己的研究方向也许确实能和科学建立起较好的链接，能够产生一定的实用意义，这也使得我对科学技术哲学这一专业有了新的体会。

诚然，我的求学经历也留有不少遗憾。首先是受到疫情影响，我不得不放弃了国家留学基金委的联合培养资助，取消了去英国伦敦政经学院访学一年的计划。其次，同样是因为疫情，我的学位论文开题和最终学术答辩都是以线上方式进行的，失去了和各位评委老师面对面交流的机会。也许正如一句俗话说的那样：完美不如完成。尽管有诸多不如意，我还是给自己的博士生涯画下了句号，也做好了准备，向着下一阶段的学术工作进发。

回顾这六年，首先要衷心感谢导师王巍教授的精心指导和耐心帮助。王老师为人正直，平易近人，学风严谨端正，十分关心和爱护学生，尊重学生的学术观点，常常给同学们分享学术讲座资源、提供国际交流机会。无论多么忙碌，王老师始终将为学生提供学术指导放在第一位，帮助我们修改论文时细致入微。正是王老师的学风和师风进一步坚定了我做一个好老师的理想。

感谢曾经的清华大学科学技术与社会研究所和现在的人文学院科学史系。没有科技所，我不会有机会进入 STS 研究领域。特别感谢鲍鸥副教授在我本科时带领我走上科学史和科学哲学的研究道路。感谢杨舰教授、雷毅副教授、刘立教授给我担任课程助教的锻炼机会。感谢吴彤教授、刘兵教授、吴国盛教授、王程韡副教授、胡翌霖副教授、蒋澈助理教授、陆伊骊副教授在学业和工作中给我的指导与帮助。

感谢郑金连博士、曾点博士、乔宇博士、罗懿宸、刘炫松、曾天奎、吕艺彤、赵益泉、高音笛、杜少凯、吴为、张君睿、丁超等同门师兄师姐学弟学妹们在科研和生活中的帮助与交流,你们是我求索道路上的温暖陪伴。感谢人文学院文博192党支部的各位同志引导和帮助我成为中国共产党的一员,带领我学习党的理论知识。感谢人文学院排球队各位同学,和你们一起练球的快乐时光是我在学术之余的美好回忆。

感谢我的丈夫郭梦帆博士与我共度十年的学习生活,携手走上科研之路,包容我的点点滴滴。我们永远是彼此最好的伙伴和倾听者。感谢我的父母任幼华先生与李丽萍女士对我学业和生活的大力支持。

最后,也要感谢我自己在学术道路上的不断坚持。我深知,做学问不易,做文科的学问更是需要“把板凳坐穿”,数十年磨一剑。这本小书只是博士期间学习和思考的阶段性总结,有着很多不成熟的地方,也有很多没来得及进一步探究的话题,如目前我在博士后工作期间关注的实验证据综合问题。但我相信这是我漫漫学术之路的起点。未来,我十分希望自己能够有机会继续写作关于科学实验方法的系统性论述,更加全面地填充实验性质和实验类型的概念框架,并且补充较为完整的科学史说明。非常感谢清华大学研究生院和清华大学出版社提供的珍贵出版机会,同样感谢编辑李以清老师的辛苦工作!

任思腾

2023年春于北京大学医学人文学院